策划 星光耀集团 星公寓创新发展研究院

国际公寓设计
新趋势

主编 陈潜峰 范茂胜

副主编 陈浩 陈梅 张少力 韩柏清 彭洋 罗云 胡艳杰 李建平

華中科技大學出版社
http://www.hustp.com
中国·武汉

序言

陈潜峰

天下控股集团创始人

于 2001 年创办天下控股集团。湖北省第十一届政协委员，武汉市第十三、十四届人大代表，武汉市工商联副主席，阿拉善 SEE 会员，上海市湖北潜江商会会长等。

公寓作为集合式住宅的一种，20 世纪中国大陆地区称之为单元楼或居民楼，港澳地区称之为单位。欧美国家对公寓的界定主要在产权形式上。

公寓这种物业形态沿革至今，变化很大。特别是在产品概念上，对于市场和客户而言，不同时期有不同的理解、不同的用途。20 世纪 90 年代，房地产热导致房价逐步攀高，开发商的目光基本聚焦于住宅的开发。这期间，研发公寓的机构及房企非常少，公寓的呈现形式也非常单一。2000 年左右，一种代表新经济、新概念的 SOHO 类公寓产品瞬间大热，在当时形成了一股效仿风潮，SOHO 是人们对自由职业者的另一种称谓，同时亦代表一种自由、弹性而新型的工作方式。SOHO 之后，大概在 2005 年，市场又时兴了一阵酒店式公寓的潮流。当时的酒店式公寓，普遍具有这样的特点：良好的地段，高容积率，带精装修，以小面积为主，号称有酒店式的服务，不少项目还提出“售后包租”的诱人政策。2010年以后，随着几次政策调控和限制拿地的措施，由于公寓本身具有售价低、销售快、价格增长幅度大，以及利润高、回款快，并且能够最快达到利润最大化的特点，一些房企转而将目光投向了公寓的开发，公寓的表现形式也由于细分受众市场呈现出多样化的特点，如酒店式公寓、服务式公寓、商务公寓、单身公寓、白领公寓、老年公寓、青年公寓、养生公寓，等等，其中最具代表性的是LOFT公寓，这种定义为“层高高的商业或办公项目”，更以其在规划指标内最大限度利用土地创造出额外价值和高性价比的特点成为房企追逐的热点，加上不限购、单价低、总金额低、规划美、功能多样等优势，成为年轻人追捧的对象，这也在另外一个层面实现了人们对“居者有其屋”的美好居住构想。

随着城市经济的繁荣、商业用地逐年增多，和国外一样，住宅区的发展逐步向城市的边缘移动，居于城市商业区的公寓房开始成为最抢手的住房之一。加之一二线市场拿地门槛的不断提高，现有存量房市场成了房企眼中的一块大蛋糕，而商业存量资产更是在收购与改造翻新中重新实现潜在的价值，公寓这一业态顺应变革的需要已经逐步成为了其中的主力军。这时，国内很多房企便将产业重心转向了公寓产品的研发上，更有房企还成立专门的公寓研发机构。如星光耀智诚建设集团星公寓创新发展研究院，该院成立后，便借鉴国内外优秀公寓研发理念，专注LOFT公寓、智慧公寓、未来公寓等产品的研发，致力为年轻人打造全新生活空间，提供人本化产品和服务。随着经济发展和资源价值的中分构建以及公寓产品的创新，加上对未来的公寓领悟，公寓的发展形态也越来越清晰，一个新的公寓时代正逐步开启。

如果要用一种具象的物品来表达人们的生活情结，那么，公寓这种建筑形态再为合适不过了。星光耀智诚建设集团公寓研究课题组基于对国内外公寓的研究和发展趋势，在梳理国内外公寓发展历史概况及发展趋势，剖析国内外公寓实践案例的基础上，精心编写了这本《国际公寓设计新趋势》，限于课题研究组的经验存在一些瑕疵，本书尚有不足之处，但课题组希望本书的付梓能为公寓研究建立健康发展的长效机制，为“住有所居、居有所安”愿景的早日实现贡献力量。

目录

006 第一章　新线性几何公寓造型的设计方法

007 第一节 造型设计的平面图形艺术和形体塑造

019 第二节 公寓的结构造型设计手法

024 第二章　公寓立面设计的新趋势

025 第一节 影响公寓立面设计的主要因素

031 第二节 公寓立面设计的公建化趋势

050 第三章　公寓设计的新趋势——形体“软化”

051 第一节 形体“软化”概念

052 第二节 形体软化的几种类型

第四章 全球优秀公寓设计解析

063 第一节 中国公寓

096 第二节 美国公寓

104 第三节 新加坡公寓

120 第四节 韩国公寓

128 第五节 泰国公寓

140 第六节 印度尼西亚公寓

150 第七节 迪拜公寓

158 第八节 印度公寓

164 第九节 越南公寓

172 第十节 加拿大公寓

180 第十一节 澳大利亚公寓

186 第十二节 巴西公寓

192 第十三节 英国公寓

198 第十四节 法国公寓

208 第十五节 意大利公寓

216 第十六节 荷兰公寓

222 第十七节 奥地利公寓

第一章

新线性几何公寓造型的设计方法

第一节

造型设计的平面图形艺术和形体塑造

建筑形式与功能互动是实现建筑构思的法则和规律。建筑是多种要素构成的复杂形体。形体轮廓可由直线系或曲线系构成。直线具有平直、单纯、明确、有力度感的特征；曲线则有优雅、柔软、有波动感的特征；二者的组合则产生刚中带柔，柔中带刚的形象特征。由直线、凸线和凹线三种原型线可直接构成方形、圆形和三角形等基本几何图形。

形态是造型的主要元素之一。它与物体的形状不同。形状仅指物体的空间轮廓。而形态则是一切要素统一后的综合体，如下图所示。由于建筑平面设计反映了一种高度抽象思维，其功能特性决定了其理性的一面，所以在高层居住建筑平面设计中一般采用理念形态，即抽象形态中的几何抽象形和有机抽象形。

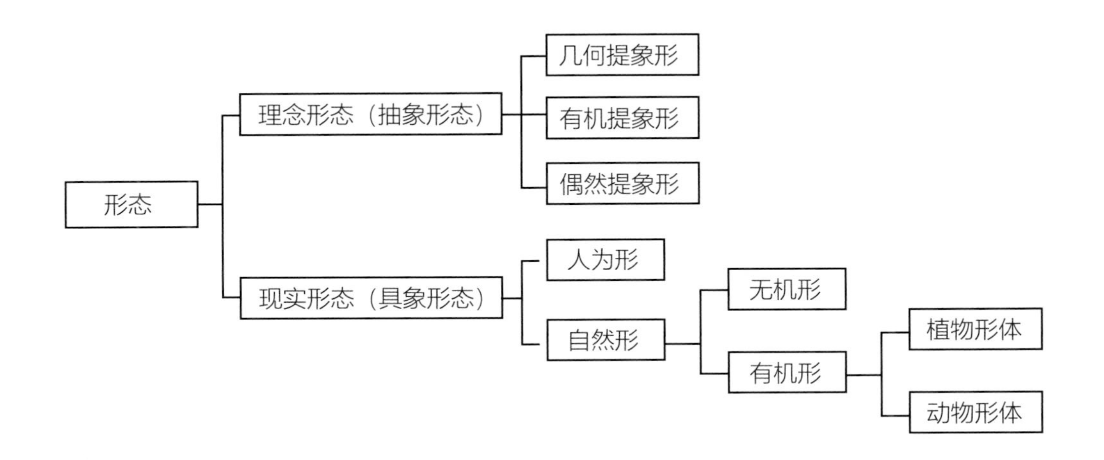

形的分类

料料来源于：《平面设计之基础构成》

1. 几何抽象形

几何形状千姿百态，但三种原形（方形、圆形、三角形）是各种复杂几何形态的构成基础，高层居住建筑平面形态多由一种、两种或多种原形演变或组合而成。正方形与长方形由于线的平行和垂直关系显得刚劲；圆形由于光滑、连续和具有向心的特征使人感到更纯粹、更抒情；三角形由于斜向的边和角度更具有活力，并易于增强空间感。在几何原形的基础上运用构成的技巧，经过切割、加减、联合、分离、穿插、接触、压缩、延伸、扭曲、旋转、调换、颠倒、移位、透叠、正反、分解、密集等手法又可形成无数种平面形态。在拓扑学的研究中，形态观念具有可变换的性质，它不是研究几何形在刚性运动（平移、反射和旋转）中保持不变的性质，而是研究运动中的物体在产生形状、大小变化的时候仍保持其固有的某种性质。这与设计过程中图形随构思不断改变而设计的条件仍保持不变的性质有相同之处。在设计时，具体选用哪种几何平面，主要取决于建筑师的总体构思、所设计对象的功能要求与面积、建筑技术，以及当地自然气候与建筑环境等。

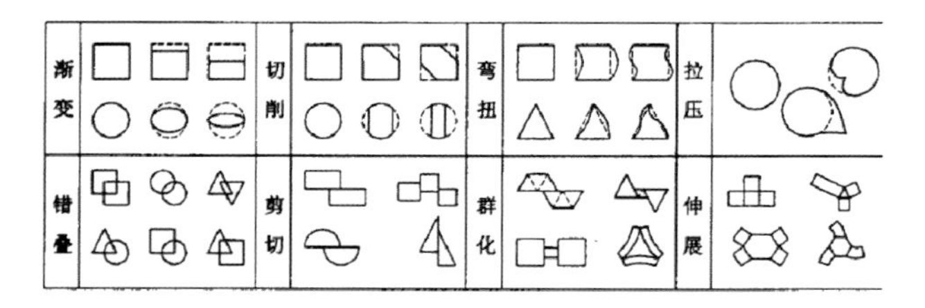

形的组合变异手法

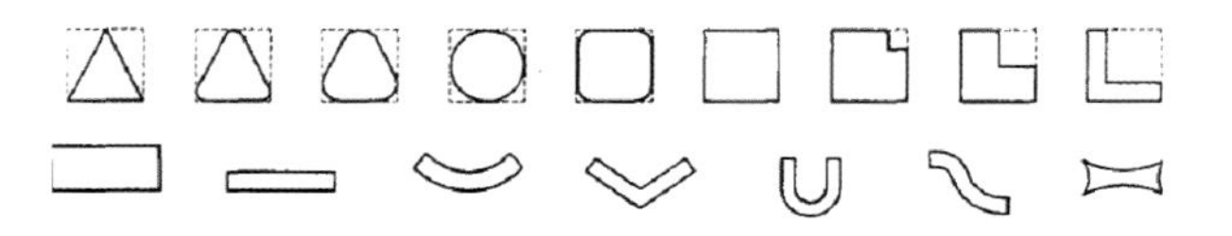
形的可变换性质

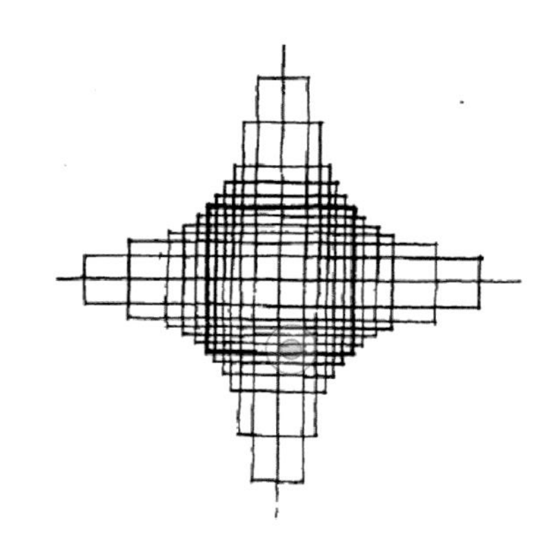
正方形与长方形系列

1）方形造型

方形是适应功能需要最常使用的形，其中正方形是长方形系列中周边最短、最紧凑的一种。正方形和长方形四个角相等的 90 度转角决定了高层居住建筑平面严整、规则的性质和平易、坚定、稳定的特征，方形塔式高层公寓的形体显得规正，具有明确的体积感，而且由于其便于施工、便于使用、便于相互之间连接的优点，正方形和长方形成为高层居住建筑中最为常见的基本平面类型。

2）圆形造型

圆形给人以完美的感受，它以最短的周长闭合成最紧凑的形状，具有外形小、包容感强的特点，其连贯的柔和转折容易给人无边的感觉，有向心、集中的特点，表现出收敛、含蓄的美，可以满足人们从多角度观看建筑的要求。建筑师别具匠心改变圆形的曲率，将会产生各种不同形式的变形平面——曲线形平面。圆形及曲线形平面表达优美、柔和、浪漫的设计创意和艺术形象，表达自然、流畅和运动感。由圆形及曲线形平面发展起来的形体便是曲面体，简洁而优美的曲面体在亮度、光影、色彩等方面有丰富的变化，给人以渐变、退晕、过渡、柔和的独特视觉感受，其形体透视效果具有强烈的标志感和吸引力。

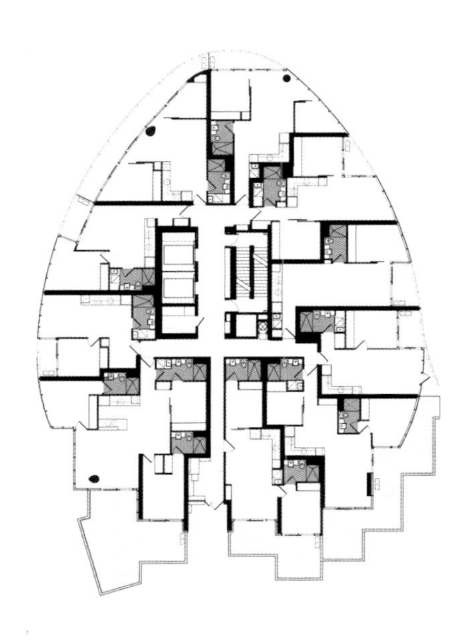

例如 Mcbride Charles Ryan 公司设计的 The Quays 项目，其蜿蜒流畅的曲面给人独特的视觉感受，使它从周围众多建筑物中脱颖而出。同时，大厦与裙楼的底层与顶层波浪形的外立面上覆盖了玻璃幕墙，形成适当的光影和亮度，使得建筑更加柔美且富有动感。

Marzorati Architect 设计的 Via Campari Residences 项目，该项目分别为 13 层和 9 层的公寓塔楼，外观为椭圆形，其采用的建筑类型旨在打造积极的建筑体系结构形象。从生态可持续性方面看，这个项目最有趣的一点便是由玻璃和砖块构成的圆形“双皮肤”立面，它可以自动支持建筑的温度调节系统。这样的解决方案可限制能源消耗，从而达成温度控制的效果，让人们享受大自然的天然赠予。

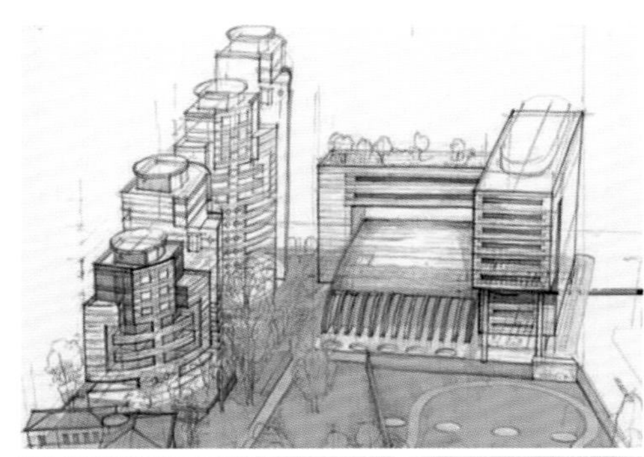

由 Arquitectonica 设计的 Mount Parker Residences，曲线造型十分柔和，无论是从平面还是剖面上看，大厦都呈现波浪线状，以适应现场地形，同时，一条金属带环绕整栋大楼，让大厦的外观更有强烈的个性。这种有机的设计风格延续到建筑内部结构，如阳台、飘窗和门窗布局上。大厦的平面线条顺着地形弯曲，形成半圆形的立面效果。大厦的立面上各个部分和谐地组合在一起，在阳光的照射下，轮廓鲜明，柔美优雅，具有极强的标志性和吸引力。

3）三角形造型

以三角形为代表的多边形包括五边形、六边形、八边形等。三角形的底边最长，顶点最少，给人以稳定感，主要特征表现在其斜边与角度上。当人们开始建造自己最初的防护所时，已经利用斜的坡顶来构成空间。古老的金字塔就是利用三角形结构的稳定性和外形的严峻感使人感受到三角形单纯的力量与魅力。此类高层居住建筑形态造型上有较多的变动余地，其锐角转角是棱角体量最有表情的部位，常常表现出明显的指向性和独特的个性，具有奇特的视觉艺术效果。在高层居住建筑中，通常锐角会被处理成阳台或做切角处理形成折面小山墙，在空间体形变化上产生虚实相生或多个面的不同艺术效果。三角棱柱的组合可形成庄重的、可见多个立面的多棱柱体。但这种平面形式在划分内部房间时，会产生不规则空间，所以在平面布局上受到较多的限制而不自由。多棱柱体具有区别于圆柱体和方柱体的明显个性，建筑形体的多个表面往往呈现出不同的界限，墙面空间层次感丰富，从而也表现出极具感染力的建筑形象与艺术效果。

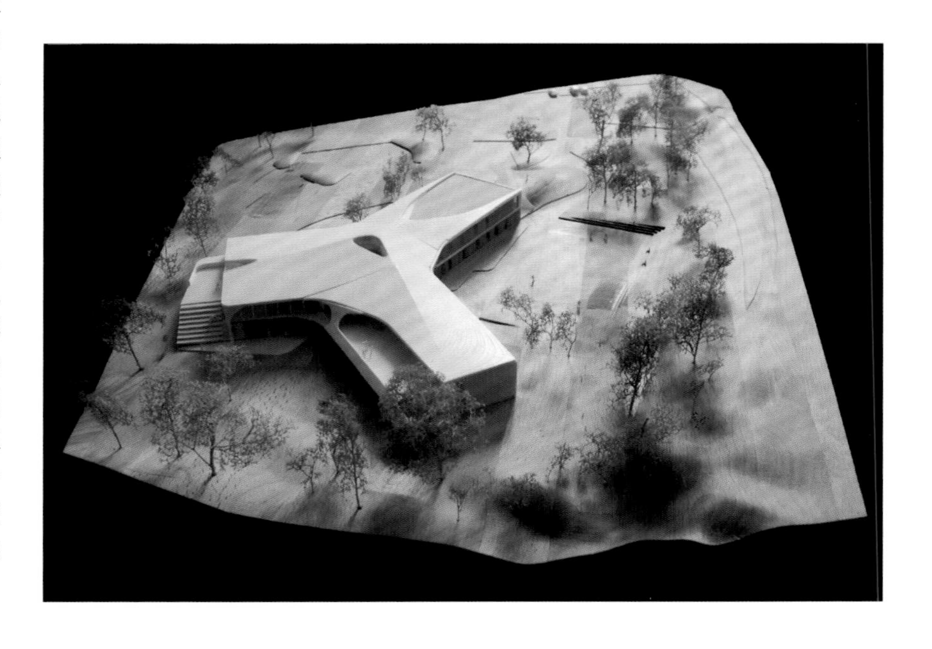

James Law Cybertecture 设计的 Aquaria Grande 大楼平面采用“Y”字形，增大了采光面，使每个公寓都有三个采光面、一个宽敞的旋转阳台，住户们可以欣赏到更广阔的户外景观，为当地创造了一种全新的奢侈生活方式。

4）由原形组合而成的规则轮廓线平面

这类平面呈拉丁字母形或物象形，其共同特征是：由若干圆形、方形和三角形等原形或其变异形体拼接而成，外观轮廓线呈现出两种或两种以上几何原形的特征。这类公寓平面轮廓凹凸感强烈，构成的形体从美学上获得了较为多变的视觉效果，在视线移动与光影作用下，建筑形象具有多变的魅力。

Asia Square Tower（亚洲广场塔楼），是由 Architects 61，Australian-based Architect 和 Denton Corker Marshal 公司联合设计的双塔式大厦，因为其平面基地原本是两个独立的方形地块，所以项目运用了原形组合的方式。每幢大厦都由 8 根修长、高耸且高度不同的轴柱复合体组成，它们矗立在简易的裙楼基座之上。深色凹角为大厦外观增添了独特的层次感，且玻璃立面现代感十足，呈现出丰富的视觉效果。

5）单元式组合平面

为了节省用地，有的高层居住建筑采用若干 T 字形、Y 字形、8 字形、十字形或方形平面的住户单元，即“塔”或“点”，随地形与构图的需要串“点”成线或串“塔”成板。

例如 Zaha Hadid Architects 设计的 D’Leedon 公寓，平面上以“花瓣”为单元，由六个“花瓣”组成“花朵”的造型，整栋楼在立面上轮廓清晰可辨，利于对流通风。

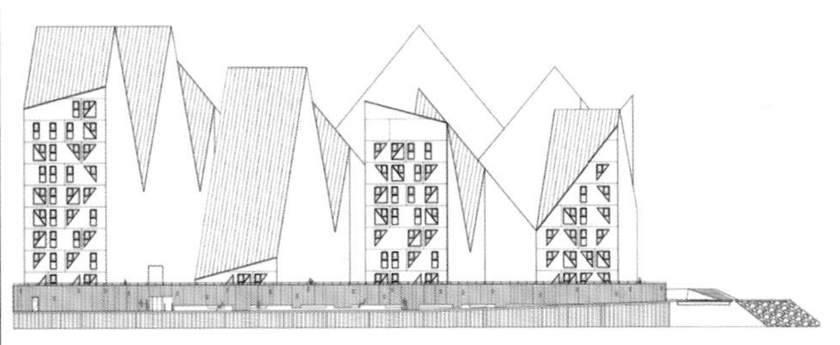

2. 有机抽象形

有机抽象形是从有机体（如动植物）或无机物（如河滩里的鹅卵石、群山、波浪）等形态抽象而来的，具有圆滑、自由的轮廓。有机抽象形与过度强调理性、冷漠的几何抽象形比较，更能表现出一份感性的美感，符合后现代建筑强调的复杂性和多元化。此类平面布局比较自由，通常是对自然形态的抽象表现，构图显得更加自由和浪漫。平面外轮廓线可以是直线，也可以是曲线，形象丰富而多变，特别是直线和曲线相连接勾画出的平面轮廓，生成的形体刚柔并蓄，墙面有曲面与直面的糅合，天际轮廓有直线与曲线的交织，立面上窗、墙与光影色彩变化多端。

如丹麦 JDS 建筑事务所设计的公寓楼，受漂浮的冰山经常分裂这种现象启发，建筑师将建筑分成几个部分和层次，采用倾斜的屋顶，整个造型像一群冰山集合体。外立面上升和下降形成的“山峰”和“峡谷”使更多房间中的住户能够欣赏到美景，视野更宽广。

Henning Larsen 建筑事务所设计的 The Wave 公寓楼位于丹麦瓦埃勒海湾最优越的位置上，九层高的公寓楼采用波浪形的建筑造型，倒映在港湾的水面上，独特而醒目，与港湾、景观和小镇完美地融合。

Aytac Architects 事务所设计的 Apartman 18 是一栋位于伊斯坦布尔埃伦考的10 层豪华公寓楼。项目的出现是对 20 世纪 70 年代开始的因城市建筑密集混凝土化而被摧毁的葡萄园表示敬意。建筑以“葡萄树”般的质感营造一种景观元素，烘托出一个冥想花园。外观采用了连续的表面处理形式，有向上移动的动感，成为相互交织的建筑立面。在屋顶花园，居民可以享受远离喧嚣的宁静。这种处理方式既保护了隐私，又为每个公寓提供了最好的光照和视野角度。

第二节

公寓的结构造型设计手法

高层居住建筑引起的视觉刺激与其空间造型的美学特征有着重要的联系，从远处看与从近处看相比，会形成不同的视觉感受，高层居住建筑的尺度与轮廓也会极大地影响人的情绪与看建筑物时的心理过程。造成视觉影响的其他因素还有周围环境，即该建筑物是否与周围景色和环境（特别是美学环境）处于一致或对比中。根据视觉感知与距离的关系，沙利文曾提出高层建筑“顶部 — 中部 — 底部”的经典处理手法。

1. 公寓楼身设计——均衡性

高层居住建筑楼身形体设计一般采用均衡构图形式，包括对称均衡和不对称均衡的静态造型。在视觉艺术中，均衡是任何欣赏对象都存在的特性，是建筑设计在艺术方面的基石，给建筑外观以统一的魅力。任何具有良好均衡性的艺术品，其均衡中心两边的视觉趣味中心分量应是相当的，而且必须运用一些手段将均衡性强调出来。高层居住建筑形体由平面楼层在垂直方向的叠加而成，是一种竖向的均衡体系，对其顶部和底部进行特殊处理有利于强调建筑的均衡性，这与沙利文的三段式设计不谋而合。

如下图所示，第一个图形中部两侧是对称的，是一种数字上的均衡性。但这种均衡性不明确，它仅是一个体系而已。第二个图形强调了中心，同一系列垂直线的均衡性就可以被察觉了。第三个图形由于在序列的两端做了有力的停留，均衡性表现得清楚了，其中的均衡中心也就明晰了。

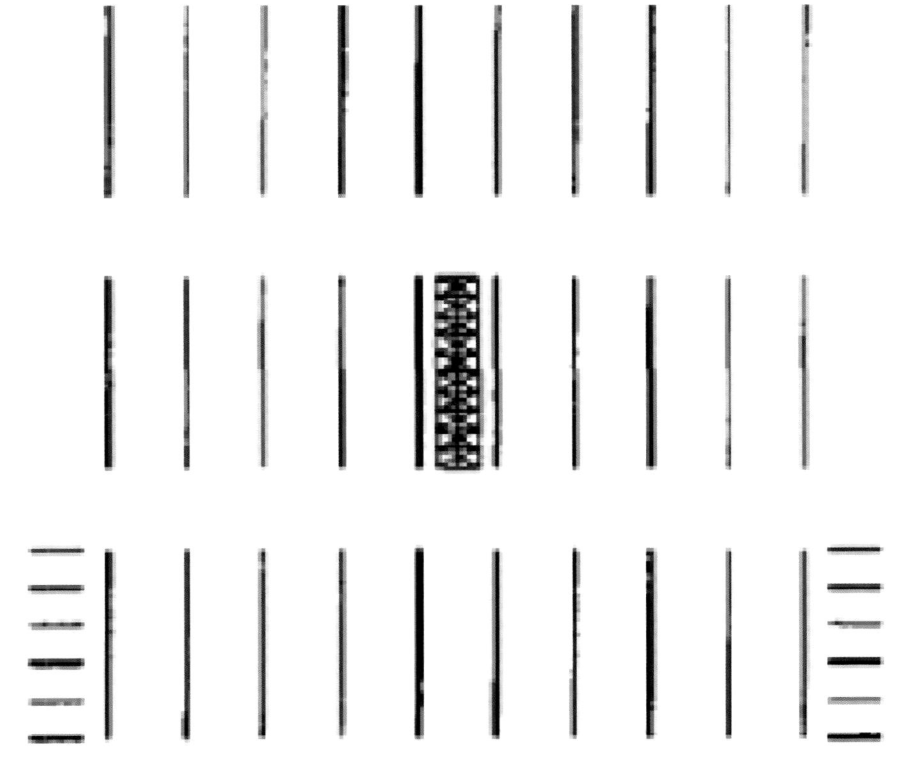

MAD 设计的 Absolute Towers，每层平面都是一个规则的椭圆形。垂直方向上，随着高度的上升，呈现出不同角度的旋转。最终，不同的高度、不同的角度皆呈现出多变的轮廓。虽不是标准的椭圆柱体，却也极具均衡性，外形优美且具有雕塑感。

Guido Giacomo Bondielli 设计的这栋“银杏树塔”综合体项目坐落在以风景优美著称的杭州。设计灵感来自中国的国宝级树种“银杏树”，取其蒸蒸日上的气势和旺盛的生命力，这也是该项目名称的起源。另一个灵感来自意大利经典的古塔错位建造形式，这一建造形式在意大利的历史名城佛罗伦萨、锡耶纳、罗马的古迹上都可以见到，正是这一灵感让整个建筑在外观上如银杏树般负势竞上，充满活力和生机。

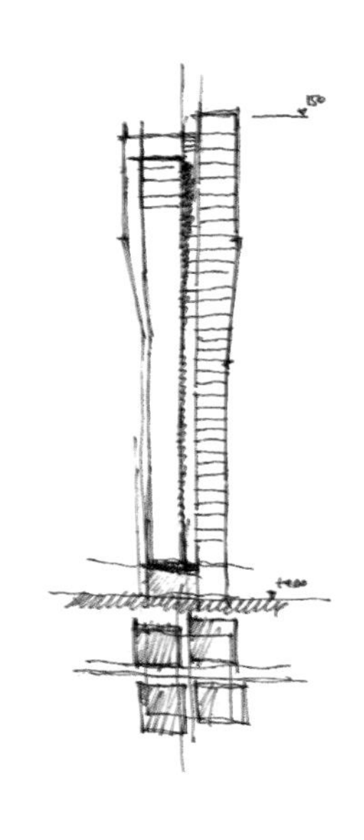

Jean-Pierre Lott Architects 设计的 Simona 公寓位于摩纳哥，建筑师利用高层建筑本身所具备的优点设计了这座公寓楼，不但视野绝佳，能欣赏到美丽的景色，而且采光非常好，成为城市中一座独特的建筑，代表着当地建筑未来的发展方向。

Somdoon Architect 设计的 Via31 项目体现了上下一致式特点。

2. 底部造型及处理手法

高层居住建筑的底部是与地面最接近的部分，与人们日常的活动关系密切，且一般在人们的平视范围以内。它一般包含建筑的出入口、公寓建筑的附属服务空间或其他功能空间。所以，如果高层公寓的楼身和楼顶需要满足远眺时的整体性，其底部就应结合人的尺度来设计和处理。

1）上下一致式

许多纯公寓功能的建筑，楼体标准层平面上下完全一致，只在底层利用标准层的房间设置少量的管理室和门厅等辅助用房。从外部来看，楼身直落到地，没有任何变化。

LAN Architecture 设计的 Lormon 项目。

2） 架空式

楼底部地基以上几层做架空处理，一般由主体的框架直接落下，或是单纯的柱子或在柱子间加设部分实墙形成，其中的架空空间常常作为绿化场景、休息场所、儿童嬉戏场、楼房的入口等。这种底部形式具有通透感强，布置灵活，弱化入口压抑感，与小区庭院空间、绿化、环境等相互渗透呼应等特点。只要外露柱子尺度合理，高度适当，建筑的整体形象会显得轻巧活泼。

例如 Aedas 设计的成都 Renhe Spring Residential Development 项目在公寓底部也附加了入口门廊，在入口处设计了人工瀑布，并且在门廊的细节设计方面融入了时尚而又现代的元素，具有很强的标志性，为主体建筑添姿加彩。

Architects 49 Limitted 的 Hilton Sukhumvit Bangkok 作品底部附加的入口门廊与主体建筑在材质和色彩上相同，与主楼完美融合，相得益彰。

3） 附加入口门廊式

底层做建筑的入口门厅和其他服务房间，在外部加设门廊、雨篷等造型来强调入口。虽然和高层公寓庞大的主体相比，这些形体相对小巧，但对于距离较近的人来说，却起到了提示作用。如果设计得当，这些小体形不但不会显得多余，还会为主体形象添姿加彩，为近观者减少压抑感。底部附加入口的色彩和材质一般与主体的色彩和材质相似或相近，其形式则呼应整体的建筑风格。

3. 楼顶造型艺术形式

高层居住建筑的屋顶装饰或顶冠不仅起到象征的作用，而且还表达建筑的独特个性。具有新意的顶部处理是使高层公寓形象具有“可识别性”的一种十分有效的办法。如美国杂志《进步建筑》的报道所说：“当现代派建造这个国家（美国）的摩天楼时，平屋顶和陡侧面就大量出现了。”由此看来，单一的城市轮廓线是被排斥的，而公寓建筑作为城市轮廓线的组成部分，有必要对其顶部造型做细致而深入的考虑，从而达到丰富城市轮廓线的目的。常见的屋顶与檐口处理方式有以下几种。

1） 无装饰

早期高层公寓普遍采用的做法，一般是将核心筒和水箱按需要尺度升起，没有太多的装饰，只是纯功能和结构上的体现，容易给人千篇一律的感觉，很难创新。

2） 坡顶式

在建筑的顶部或檐口加上传统的坡屋顶形式，有单坡顶形成集中向上的形式，有双坡顶的形式，还有小坡檐结合顶部坡顶的形式，表现出传统的民族风格。早期这种屋顶的处理方式过于简单和生硬，仅仅是在主体和屋顶凸出物的顶部加上尺度较小的仿古小坡檐，比较庞大的高层公寓体量则显得小气而且尺度失调。一些坡顶在尺度比例上没有把握好而显得有些呆板，或者为了追求错落层叠的效果而使用太多构件，反而显得零乱而无规律。在一些比较成功的设计中，这种屋顶形式的设计有理有节，为整个建筑风格的塑造起到重要作用。如深圳华侨城锦绣苑一期的三栋高层公寓，使用了具有中国传统特色的红瓦坡屋顶，结合平面的八个单元，设计成八片屋顶，每片屋顶带有一个老虎窗，入口也使用红瓦坡顶和玻璃组合的雨篷，与屋顶相呼应，外墙颜色以粉色调为主，一层和顶部使用白色，亮丽动人，别有风采。又如深圳的世纪村公寓群与浪琴屿花园高层公寓采用了群聚的坡顶形式，高低错落，相互呼应，而且主次分明，坡顶成了体现建筑风貌的重要元素。

3） 飘板式

常见的屋顶处理手法是在屋面加设飘板。由于飘板多显得薄而大，在笨重庞大的建筑主体体量对比下似乎要腾空而起，如 Architects 61 设计的公寓项目 Seascape 就加设了飘板。飘板的空间形式多样，有平面式和空间式；平面形状多样，有圆形、方形、椭圆形，等等；处理方式多样，有构架式和平板式。飘板在现在的高层居住建筑顶部设计中已经变得越来越泛滥，几乎是“逢顶必飘”，越飘越长，越飘越大。其实飘板并不是处理高层公寓顶部的万能方案，要想获得好的效果，也需要根据实际情况有节制地进行设计。

4） 集中式

多见于塔式公寓，表现为对屋顶的凸出部分做一定的处理，或单凸突出，或结合建筑顶部，形成直指苍天的集中式构图。这种方式的特点在于加强建筑的竖向个性，与戴帽式公寓造型比较，趋向于竖直方向上的构图，而后者倾向于水平方向上的整体式构图。在城市干道附近或闹市区的高层公寓常常采用这种形式来获得某种标识性和个性。如举世闻名的迪拜塔的顶层就是采用集中式设计手法。

5） 多顶式

一座高层公寓有多个屋顶的形式，表现为其中一个主楼统领着若干附属楼顶，形成宛如众星捧月的构图。比如由上海霍普建筑设计事务所设计的福州保利香槟国际的屋顶，其平面像龟形，从龟背伸出不同的户数，并在不同的高度被逐一裁截掉，形成高低错落的多个楼顶，建筑顶部显得轻巧而精神。顶部也可以结合楼身顶端进行设计。总之，高层公寓的顶部是高层公寓形体中最显著的部位，决定着整幢建筑的表达力和感染力，是整幢建筑造型风格、艺术品位的集中体现。不管顶部的形式和风格如何变化，它总是最令人关注、最富表现力、最具标志性和个性化的形象表达部位。

第二章

公寓
立面设计
的新趋势

第一节

影响公寓立面设计的主要因素

公寓的整体形象主要通过公寓外观造型来体现。一栋房屋是否美观，取决于它的外观形象。公寓的造型设计除了考虑是否美观，同时也要考虑当地的环境。现阶段，人们的审美情趣不断提高，对于公寓的外观造型也有了一定的要求。因此，我们在进行公寓设计时不能仅仅追求平面上功能的完善，还要在公寓的造型设计上趋于多样化，以满足人们的视觉享受和艺术追求。

公寓立面造型的影响因素有很多，主要有公寓的功能要求、经济因素、结构与材料、施工技术水平，以及伴随着计算机技术的提高所带来的新设计方法等。

1. 公寓的功能要求对立面造型的影响

公寓的功能要求是进行公寓造型设计时需要考虑的首要因素。每一个公寓对空间环境都有要求，依据这些功能要求能够大致确定公寓的尺度、规模以及相互关系。

在进行造型设计时，要选择合理的结构剖面形式以适应公寓的使用空间，最大限度降低结构构件的高度，才能提高空间的使用效率，减少维护结构初始投资费用，降低照明、采暖、空调负荷，节约后期维护的费用，进而减少公寓全寿命周期的费用。将结构的自然形体直接进行适宜的艺术加工的同时不做任何多余的装饰，能够高度融合结构形式与公寓空间艺术形象。

2. 经济因素对立面造型的影响

每一个工程建设都要考虑提高投资的经济效益。进行综合经济分析时可以对结构方案的经济性加以衡量，不仅仅要考虑结构方案的一次性投资费用，还必须考虑公寓全寿命周期的总费用。此外，除以货币为指标对结构的建造成本进行核算外，还必须将材料消耗、节省和节约劳动力等作为指标来进行衡量。与此同时，要对节约资源这一长远利益加以考虑。

3. 结构与材料对立面造型的影响

作为构成结构的物质基础，在公寓结构与材料中，钢结构、木结构、砖石结构以及钢筋混凝土结构因为各自不同的特征而具有不同的规律。比如砖石结构具有较强的抗压强度，然而其抗弯、抗剪、抗拉强度较低，并且脆性大，容易突然破坏；钢筋混凝土结构具有抗弯强度大、抗剪强度高的特点，相较于砖石结构，其延性较强，但仍属于脆性材料，并且自重较大；钢结构具有抗拉强度高、自重轻的特点，但当长细比比较大时，由于轴向压力作用，杆件很容易失稳。所以，进行设计时应选择能使材料性能充分发挥的结构。比如公寓结构的杆件，在轴心受压的情况下更能发挥材料强度。又如简支梁属于受弯构件，当均布荷载作用时，其弯矩图是抛物线，跨中弯矩达到最大，而支座弯矩是零，每个截面上，上下边缘处正应力最大，中性轴处正应力为零。为了便于施工，一般根据等截面梁设计，采取矩形截面，进行截面尺寸选择时只能将跨中最大边缘应力处作为最危险位置来进行验算，所以梁的大部分材料所受的应力远远低于许用应力。为了充分发挥材料强度的作用、节约材料，可根据弯矩图来设计梁的形状，即将梁设计成鱼腹式梁。

4. 施工技术水平对立面造型的影响

施工技术水平及生产手段对公寓结构形式具有很大影响。先进的施工技术是先进结构形式形成的基础。例如，薄壳结构是一种薄壁空间结构，主要承受曲面内的薄膜内力（或无矩内力）作用，因此，材料强度能得到充分利用，而且因为它处于空间受力状态，所以具有很高的强度和很大的刚度，能够采用很薄的构件形式来建造大跨度结构，自重小，材料省。然而因为采用现浇的施工方法来实现薄壳结构的局限性很大，而且支设曲面模板耗费工料多，施工速度慢。为了解决这个问题，以前是使用工具式移动模板来进行现浇薄壳施工的。但是这种施工方法仅仅适用于结构形式及断面尺寸不变的薄壳结构。由于施工技术的快速发展，装配式薄壳施工方法出现，把薄壳壳体划分为若干块小壳板，分件预制后拼装成一个整体薄壳，这种方法只需设置小壳板的模板并重复浇注，大大提高了结构的施工速度，降低了工程造价。

5. 结构设计理论的发展及计算数字化手段的改进对立面造型的影响

由于计算机行业的快速发展，运算速度提高、贮存量增大，大大缩短了计算时间，计算精度得以提高，解决了各种较复杂空间结构的静力计算和动力计算问题，设计人员能够方便地采取各种比较复杂的结构形式，并能够对各种形式的结构进行进一步经济比较，获得优化结果。所以，计算手段的改进对结构方案的构思影响是非常重大的。现阶段，即将研究出的“工程建设中的智能辅助决策系统”对结构选型优化具有非常重要的意义。数字化技术的进步推动着建筑参数化设计的实现。在参数化建筑设计中，建筑师将公寓的设计过程归结为一系列的参数运算过程——将光照、风向、流线等可能会影响到公寓形体、表皮形式的各种可变因素表示为可变量，将容积率、建筑面积、建筑密度等因素视作不可变量。这一系列的参数被输入建造模型的计算机软件中，计算机会根据已经编写好的程序，计算这些参数并生成公寓的形态、空间、表皮形式。参数化设计可以在一系列参数的限制中得到最为适合的结果。而且当日照系数、风向、风力等参数发生改变时，建筑的形态、立面、开窗方式都能够做出相应的调整，以期达到最优的结果，这个结果就是公寓设计的雏形。这些技术的产生也是非线性建筑得以发展的重要原因。

通过数据评估，参数化设计使得一些原本很难做到，甚至不敢想象的建筑设计得以实现，同时，它也在传统建筑和现代科技之间架起了一座桥梁，扎哈·哈迪德和 J. MAYER H. 等著名设计师已经走在了前列。

例如由扎哈·哈迪德设计的米兰城市生活公寓项目，该公寓由七座围绕庭院而建的线形建筑组成，在城市上空打造了一道蜿蜒的城市天际线。建筑立面采用了纤维水泥和天然木板，有利于凸显哈迪德著名的流体造型，这种造型主要体现在露台和阳台上。

此外，设计师 J. MAYER H. 的作品也很有代表性。如 Sonnenhof 项目，它是由四个带有办公室和公寓空间的新大楼组成的。该项目在造型设计上充分体现了将自身融入周围环境的理念。

J. MAYER H. 设计波兰克拉夫科酒店时，在立面设计上也充分运用了参数化设计理念。这栋新楼以简明的水平线条为特色，为旅客呈现全区最美的全视角景观。黑白交替的铝条间夹杂着深色玻璃，呈现出独特的立面特点。

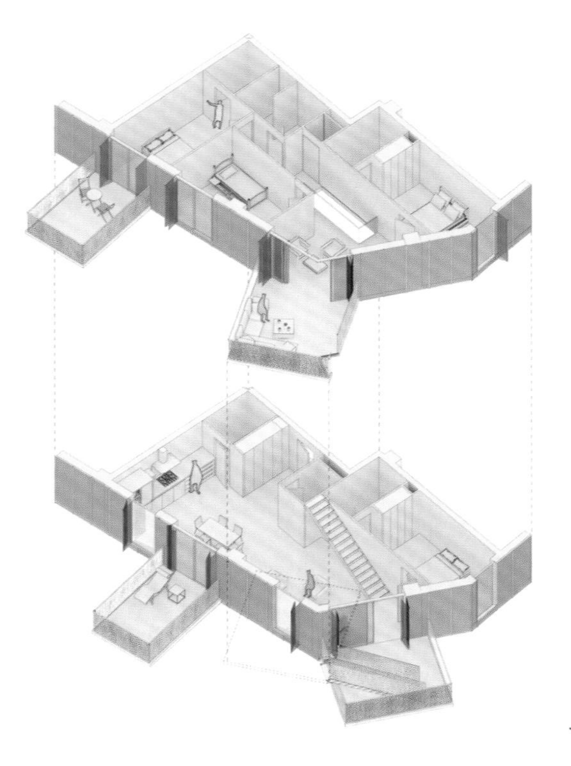

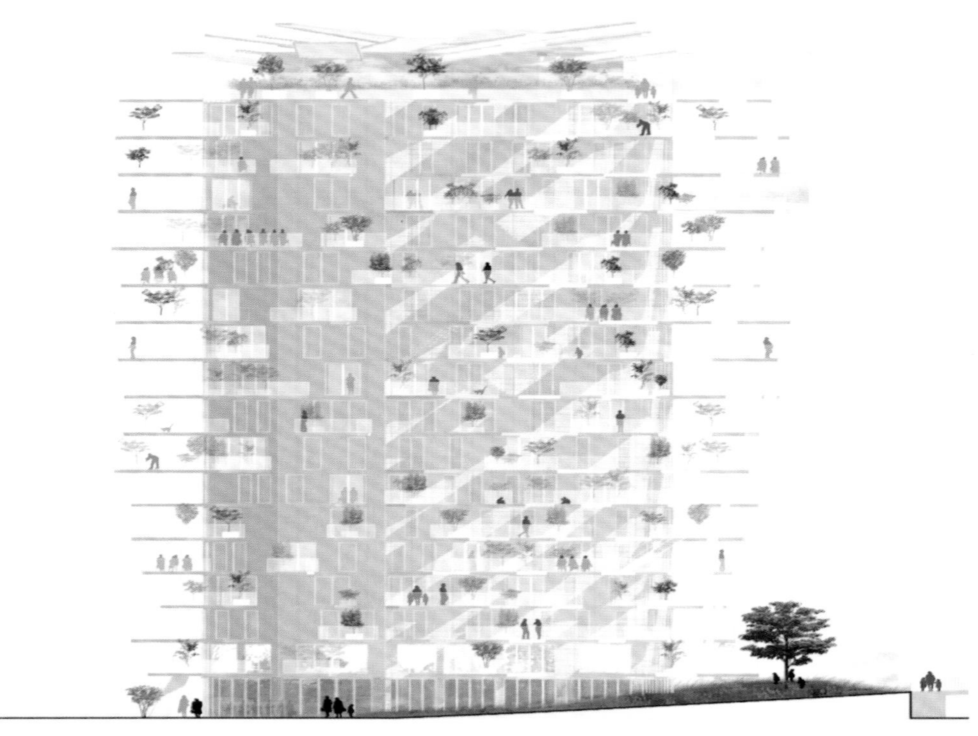

另外，体现参数化设计理念的还有法国蒙彼利埃的“白树”项目，这是由藤本壮介建筑事务所设计的作品。

该项目是法国蒙彼利埃一座 17 层高的塔楼。该项目造型独特，其白色建筑立面从底部到顶部探出了众多“疯狂”的阳台。这些阳台就像密密麻麻生长在树木上的枝条，该项目也因其在造型上树状的参数化设计被称为“白树”。

第二节

公寓立面设计的公建化趋势

1. 公建化立面的优势

1）立面优化， 提升城市品位

传统公寓建筑的立面对阳台、窗洞的处理比较简单，空调机位等也没有进行适当隐藏。因此，立面显得杂乱，且孔洞较多，有失大气。公寓立面公建化使用时尚简洁的材质进行统一化设计建造，使立面更加精致细腻，简单大方，具有现代感。这样的设计既符合人们的审美需求，也能迎合购房者的消费心理。

2）经久耐用，提高建筑使用性能

传统公寓建筑的立面由大量面砖镶嵌而成，渗水脱落是传统立面设计的通病。公寓立面公建化能有效弥补这些不足，运用混凝土、基层、保温砂浆、干挂石材等材料，既能延长立面的使用年限，又能达到保温、防渗漏的目的。同时，通过合理的设计，还能达到隔热、隔声的效果。

3）节约能源， 资源可持续利用

公寓立面公建化有效减小了建筑形体系数，减少了公寓自身受到外界温差的影响，达到了节约能源的目的。并且公寓立面公建化所使用的材料也明显优于传统的瓷砖、马赛克等容易产生建筑垃圾的材料，有利于公寓的生态节能。

随着城市的发展，城市的功能不仅仅局限于居住在其中的人们的日常生活，其功能越来越综合，越来越复杂。随着商旅往来、国际交往，城市的形象也越来越受到政府和人们的关注。于是公寓立面公建化渐渐兴起，成为公寓设计的一种流行趋势。

浙江环境艺术研究所景观设计师林墨洋指出：“公建化”在当下是指公寓的外立面向公建（公共建筑，如剧院等）靠近，采用了大量的玻璃幕墙形式，即在不改变公寓原有功能的前提下，对处在城市特定区域的公寓外立面，利用公共建筑外立面的做法进行设计与建造。具体来说，公建化是指公寓造型有公共建筑造型的倾向。在《民用建筑设计统一标准》(GB50352 － 2019) 中，公共建筑包含办公建筑（包括写字楼、政府部门办公室等），商业建筑（如商场、金融建筑等），旅游建筑（如旅馆饭店、娱乐场所等），科教文卫建筑（包括文化、教育、科研、医疗、卫生、体育建筑等），通信建筑（如通信、广播用房），以及交通运输类建筑(如机场、车站建筑、桥梁等)。公共建筑与居住建筑都属于民用建筑，“公建化”建筑多指居住建筑外立面的“公建化”，就是使居住建筑外立面局部或整体具有公共建筑的性格和特征。

2. 公建化立面的设计手法

1）外立面纯净统一

在居住建筑立面设计中运用得较多的一种公建化处理手法，就是使外立面整体纯净统一。轮廓清晰简约，弱化阳台、凹廊、凸窗的形象，减少这类构件带来的凹凸感。窗间的墙体或窗棂形成水平与垂直的线形网格，整合立面元素，加强整体感，并使建筑从外观上看高耸挺拔。在材质运用上，外立面采用大块面的玻璃窗或玻璃幕墙，整齐划一地排列，与实墙形成强烈的虚实对比，减弱整体建筑的重量感。这样的立面处理方式模糊了公寓的性格，使其“公建化”特征明显增强。

如杭州的深蓝广场，建筑外立面采用玻璃幕墙系统，使建筑整体轻盈通透、纯净统一；公寓楼以横向线条为主，弧形的透明阳台使建筑立面流畅连贯，具有明显的“公建化”特征。这样的立面设计，不仅使其成为城市中的标志性建筑，还给业主带来了实际的利益——把外墙的采光景观面全面打开，将城市景观尽收眼底。

2）变幻与错落

传统的单元式公寓，中间的主体部分基本是把标准层向上简单地累加，这样形成的立面显得呆板无变化。若以几个竖向连续的平面层为一个段落，按特定的秩序交错组合，如段落间凹凸组合，或旋转组合等，不仅使平面层间有变化，同时可以创造出生动而有趣味的“公建化”立面形象。

如 REX 设计的 R6 项目，典型的公寓塔楼通过在相反方向对楼层的拉伸，形成了并不宽敞的公寓单元，但是这些单元都拥有很好的空间比例，住户从各个方向都可以享受到宽阔的视野、充足的阳光和良好的通风，并且中央庭院、楼顶露台，以及交流、阅读、游戏平台的设计创造了强烈的社区感。总而言之，为了满足住户的使用要求和弥补并不宽敞的单元尺寸，R6 被营造出一种强烈的社区感，对住户极具吸引力。

3）局部突变

此设计手法表现为在建筑的某一段或某个部位与其他地方完全不同，产生突变，仿佛是乐章中的高潮，给人惊喜和振奋的感受。

在突变的立面中，建筑师也常通过削减的手法，使建筑产生凹洞，其表现形式有两种：一是在规则的方盒子上开贯穿的洞口，以保持建筑两面视线的连续性，有时在其内部设计公共楼梯、连廊和屋顶平台，使其成为公寓的公共空间；二是在面向绿地的南面，使用大玻璃面和精细的阳台栏杆，以形成景观的渗透并减少建筑对自然环境的影响，如 Majunga Tower。

CAAT Studio 设计的 Kahrizak 公寓项目位于伊朗，设计师选择了当地的黏土作为建筑材料，加工制成砖。砖模块的设计基于伊朗的几何图案，每个模块的设计都与其内部空间的功能相联系，建筑立面既代表了伊朗传统的砖建筑，又代表了居住空间设计的本质。

4）抽象变异

无锡的阳光 100 国际新城，建筑师没有采用传统的一字形布局，而是采用了创新的折线形布局，将空间塑造为私密式庭院、半开放式庭院和开放空间的“渐变式庭院”，为居住者构筑了全新的生活体验。

在立面设计上完全摒弃了一刀切的简单处理方法，从江南水乡文脉中获取灵感，别出心裁地创造出不断向上蔓延的水波纹线条，与折线式的平面围合成一个个完美的钻石形空间，替代了所有附加的装饰，产生了抽象变异的建筑形象。

此外，Architects 61 设计的 The Coast Sentosa 也采用了抽象变异的手法。该项目位于海滨，建筑形状充分与地块环境融合在一起，并有力地提升了与海洋的联系。线条柔和、蜿蜒曲折的建筑体块以及波浪连漪般的几何式景观与海洋产生共鸣，打造了一个与周边环境完美融合且富有动感的空间。

5）丰富的公共空间

内容与形式协调统一，在具有公建化特征的公寓中，也常常会出现一些丰富的公共空间。如 Steven Holl 设计的 Raffles City Chengdu 项目，它创造了巨大的公共广场，是多功能的城市综合体。项目旨在建造一个都市公共空间，而不仅仅是打造一座地标性摩天大楼。街区中心框定的巨大公共空间组成了三座“河谷”，自然光线能穿透建筑形态的精确几何角度，“切片”形态由玻璃和白色的“外骨骼”混凝土结构所包裹。项目设计灵感源自伟大诗人杜甫（712—770 年）的名句“支离东北风尘际，漂泊西南天地间。三峡楼台淹日月，五溪衣服共云山”。三个广场上流水花园的设计以时间观念为基础，分别寓意着中国的年、月、日。三个水池充当下方六层高的购物中心的天窗。

6）“表皮化”倾向

文丘里早在《建筑的复杂性与矛盾性》一书中将建筑问题分为空间问题与表皮问题，提出在有限的空间创造之外，还有无限丰富的表皮创造的可能，把表皮的意义提升到了第一性的重要位置。随着人们对建筑表皮的日益重视，在公建化处理的公寓立面中，表皮创造也成了一种重要的立面处理手法。尤其随着技术水平的发展，人类在建筑表皮上的丰富想象力可以超越现实而自由发展。“表皮化”倾向是人类文明从低级到高级过程中，映射在建筑领域的一种必然性结果。如 Somdoon Architects 设计的 IDEO Morph 38 公寓楼。两座塔楼在视觉上通过折叠的“树皮”外围护结构相连接，“树皮”包裹着后面 32 层高的塔楼（Ashton）和前面 10 层高的复式塔楼（Skyle）。这层外表皮由预制混凝土板、膨胀金属网和植物结合而成，表皮不但能遮阳，还能隐藏空调。西侧和东侧的“树皮”根据热带阳光的照射方向，有选择性地被设计成绿色墙体。

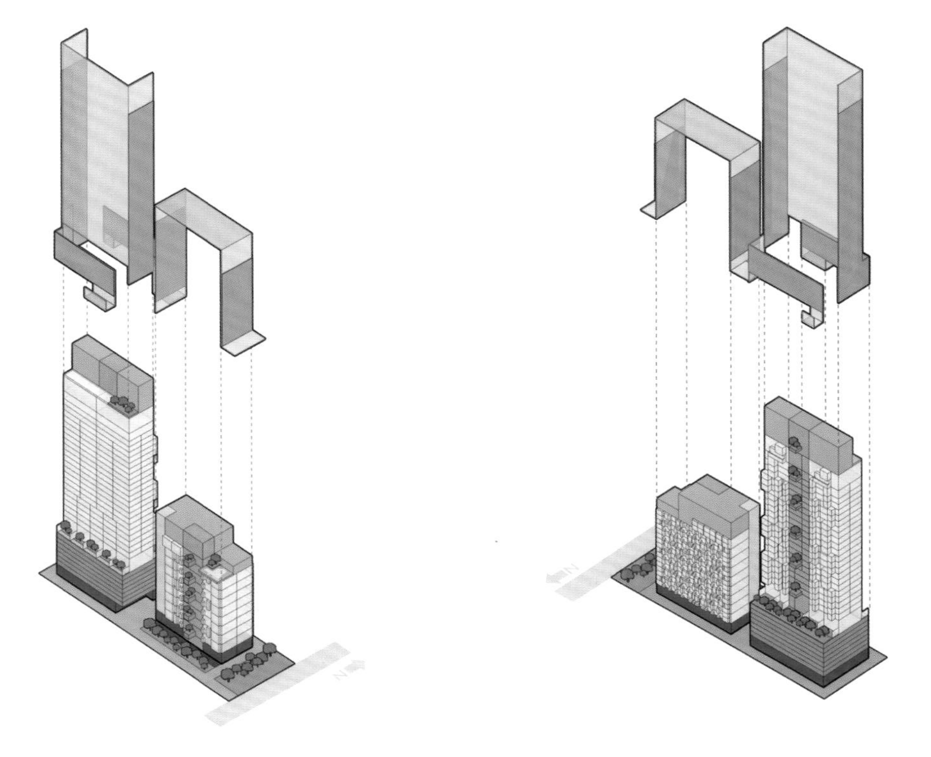

此外，Somdoon Architect 设计的具有公建化特点的作品还有 Siamese Gioia 项目。在本项目的建筑设计中，使用了窗翼元素来形成荫蔽空间，不仅保护了住户的隐私，同时形成了天然的建筑遮阳表皮。

为了适应内部空间和环境的不同用途，窗翼摆放的角度各异，皆与该项目大楼内部空间的用途以及周边环境相呼应。沿着大楼立面（靠近邻近的大楼）与窗户成一定角度安装的窗翼可保护住户的隐私。若大楼立面朝向一条静谧的公共道路或周围是一片花园，窗翼安装的角度则恰好对着一片开阔的空间，使视野较为开阔。

Buzzi Architetti 项目位于瑞典南方的一座历史名城洛迦诺的郊外，设计师希望通过使用砖头来加强与邻近建筑的联系。在计算机技术的辅助下，遵循蒙太奇逻辑，将砖头像素化，细分出不同的形状、尺寸，通过嵌板将砖头元素连接在一起形成一堵砖墙。

这个项目是 Calberson 仓库改造项目的一部分，外墙采用了保温系统，使用更多的氧化铝板。在南立面采用纤维混凝土板，以便沿续之前的混凝土框架设计理念。

所有的栏杆都用玻璃制作，有助于隔绝电车和火车轨道所产生的噪声。

Studio MK27 设计的 Vitacon Itaim 理想公寓建筑外立面由裸露的钢筋混凝土和木质面板组成，这些木质面板用来遮挡内部环境，营造私密空间，立面上的木质面板按照方形排列方式穿孔，用以通风，营造丰富的光影变化。

居民可以根据他们的生活需求和阳光的照射范围，通过移动木质面板优化生活空间，提升居所的舒适度。

鉴于项目周边环境的多样性，设计师采用了可移动的多样化的表皮。光滑、连续的墙体被外墙上的长窗分割，走廊沿着内墙布置，内墙外有铝制遮阳支架，形成了一种动态和多变的景观。

3. 外立面构成要素的“公建化”设计要素

居住建筑外立面的整体美感，包含众多方面。一是从宏观上看，如体量上的凹凸、立面的尺度比例、洞口及墙面各占比例、虚实对比等。二是从微观上看，细部构件的排列组合，如门窗洞口的开启位置和数量在整体立面上显示出的节奏或韵律之感；阳台的多种构造方式为立面带来的均衡匀称或者不规则、非对称的效果等。如果把公寓的外立面比作一张图的图底，那么门、窗、栏杆、墙体、阳台等这些立面上的基本构件则是这张图上的不同构成要素，使用这些要素可以构建出具有设计感的立面，如 Architects 61 设计的 Cape Royale 项目。

1）居住建筑外立面的主要构成要素

外立面构成要素可分为点要素、线要素和面要素。点是立面设计中具有集中性的形态要素，具体形态有门、窗、洞、阳台等。一条线的两端、两条线的交点等都可能成为立面上的点，它在视觉上具有收敛和聚集的向心性。线具有联系、指向和支撑的性质，并有虚线与实线之分。线要素的具体形态表现为建筑轮廓、装饰线、材料分隔线、窗台板等。线要素往往是立面上的活跃要素，因为它有很强的灵活性。竖向直线具有升腾感，斜线带有动感，曲线则具音乐感等。线进一步组成垂直的面、有动势的面，相互关联组成不同的体量。面的具体形态有墙面、悬挑部分的底面等。面同时是点要素与线要素的载体，因此它们都不是孤立存在的。各个要素之间是相互关联、协调统一的关系，其构图影响着立面整体性的表达。

2）构成要素的组织原则

（1）尺度

尺度不是指建筑物或要素的真实尺寸，而是表达一种关系及其给人的感觉。建筑与人的尺度关系，是指在设计建筑物时以人为中心和出发点，充分考虑人的感受和审美特点，在心理上产生一种舒适宜人的审美感受。在进行居住建筑外立面“公建化”设计时，要想使立面整体设计达到引起人们共鸣的预期效果，以及使人产生心理认同感，要从整体尺度、近人尺度和细部尺度着手。

（2）整体尺度

整体尺度是指居住建筑各构成部分之间的相互关系以及其给人的感受。在这里是指局部与局部之间在整个立面上的整体关系。各部分的尺度应与整体尺度相协调。因此，整体尺度其实是一种相对的、各构成部分互相联系的关系，它限定了局部尺度的大小、各构件之间的距离与关系。对于整体尺度的运用，是在宏观上把握立面的整体效果，反映建筑物给人们的一种总体印象。“公建化”立面设计的关键点就是从整体着手，把立面上的各元素都统一到整体中，所以“公建化”设计的居住建筑会出现一些连续的、尺度较大的立面构成元素，把功能构件都规整到整体立面中。但是为了减弱立面上大尺度的构成元素带来的厚重感，多使用通透的材料和虚化的空间，或采用不同明暗度的立面色彩，产生进退感来弱化这一问题。

（3）近人尺度

近人尺度是指居住建筑中经常被使用者接触到，且易被人们注意到的部分，比如单元入口及建筑下部的近人部分，是较易被人感知的部分，居住建筑设计中倍受重视。在公建化的立面设计中，入口的处理是人们对居住建筑立面的第一印象，因此，很多项目在入口设计方面花费了大心思，采用高档石材、彩色玻璃，等等。除此之外，在空间上，作为室外空间与室内空间的过渡，入口大堂通常做得很高，给人开阔、宽敞的尺度感。设计师往往把入口的大堂设计成一栋楼的会客厅，公建气质十足。例如 UBM Housing 的入口，被设计成约两层高的开敞空间，预示着居住空间的开放性。同时通过分布的垂直条纹的色调，体量形成了变化，但整体展现出一种适宜的近人尺度。

（4）细部尺度

对于居住建筑，尤其是高层居住建筑来说，由于其巨大的体量，人们无法直接感知其尺度，并且对这个庞然大物并没有什么亲切感，所以非常需要强调立面上的细部，使人们可以感知建筑整体的大小。居住建筑的细部尺度，主要指细部构件的尺度以及材料的质感。在公建化的立面处理中，遮阳板、构架、阳台等，不仅能使规整统一的外立面有一些变化，缩小与人之间的距离感，而且通过不同色彩的表达，不同的排列和组合形式，也可以成为立面上的焦点，使整体立面大气又不失活跃感。比如荷兰 WAA 事务所设计的 E' tower 项目。

3）节奏与韵律

细部与细部之间关系的处理不是机械的，而是有机组合的，在公建化的立面设计上，构件数量很多，并且大部分构件的重复率很高。因此经排列组合所产生的节奏与韵律是影响立面整体美感的关键。如果把建筑立面看成图底，而立面上的各个细部要素就是主体，它们重复出现，有轻有重，好像反复出现的音乐节拍，虽然它们相对图底来说是静止的，但是人是运动的，在人经过它们或者穿越它们时会产生某种动感，给人以活力，使本来静止的立面产生了活跃的感觉，这种感觉就是节奏感。

韵律是在有一定重复量的基础上演变来的，但是这些要素并不一定要完全相同，那样会显得单调，而韵律是将相似的元素有规律、有联系地排列，即可获得每个元素单独无法达到的效果，如各个元素之间的距离、数量、方向的改变，等等。把不同的窗户形式按一定秩序间隔重复排列，可使观者的视线产生上下、左右延伸的动势节奏，与体块变化造成对比，形成新的节奏与韵律。另外，色彩和体量上通过有意识的形式上的重复或某种排列方式也可以让人感受到节奏与韵律。

如 Elenberg Fraser 设计的 33 MacKenzie Street 项目，其建筑外墙像穿着白色羽毛外衣，在建筑低层，“羽毛”包围建筑四周，围绕青铜玻璃的遮阳面。建筑的上层则对接像羽毛的白色混凝土面板，阳台凹进塔楼内，让人可以清晰地看到完整的建筑。建筑立面上，相似的几何图案以相同的间隔有序地排列着，形成独特的节奏和韵律。

4）呼应与均衡

“一呼一应，彼此声气相通，又特指文章内容和结构上的前后照应”。细部的呼应是指细部之间能取得联系，如形式相似，从而取得看到彼物就能想到此物的功效，相似的细部之间才能够形成呼应，从而给人以稳定均衡的感觉。比较简便的呼应手法就是对称，它体现的是一种强制约的关系，使人们很容易看清细部与细部之间的关系。在立面设计中，这种手法为人们所熟知，因而简单的相同元素的对称形式有时又会显得单调；另外一种呼应手法是非对称，格式塔心理学指出部件的性质、数目和位置会影响整体的感觉，并进一步指出总体的强弱程度会因此而变化。由于部件本身或多或少能形成整体的效果，所以在一定程度上它们能成为一个大体的片段，而这种片段上的呼应手法也可以称为“折射”。在立面细部的复杂设计中，把个别部件，不管其位置和数量，按其性质安排在总体之内，并把它们折射到本身以外的地方，使得部件之间产生联系。

例如 Ong&Ong 设计的 Empire Damansara 项目，这个项目是立面呼应与均衡的一个生动的案例。此案共有五栋建筑单体，通过在每个建筑单体上对于表皮肌理的不同搭配，使每一栋单体建筑都呈现出独特的个性。这种个性因色彩、材质、立面单元的不同表现手法显现出来。而由这些单体组成一个系统时并不令人感觉杂乱无章，而仍然能够让人觉得它是城市环境中的一个地标区域。这种通过差异化呼应达到整体化的设计策略，使得项目具有很高的识别性，但在国内目前的大一统城市综合体设计中还极为鲜见。

Richard Meier & Partners 公布了位于中国台北的一座 127 m 高的摩天楼设计。建筑由两个体块组成，建筑网格将建筑的所有元素整合为一个合理的组织体系，从而让所有元素从横向和纵向均能相互协调。最终影响了建筑结构及细节设计，使得各个部分融合为一个和谐的整体。

5）秩序

“所谓秩序，就是一组分开的结构配件或要素之间合乎逻辑的并有规律的布置；或者是构思、感觉和形式的统一”。但是在现代主义之前，由于人们总是把一般秩序等同于一种非常特殊的秩序及法式，所以它的意义经常被曲解。现代的建筑设计早已从那种限制中解放出来。这种“秩序”必须理解为任何有组织的系统在发挥功能作用时必不可少的东西，而不管其功能是精神的还是物质的。

在公建化的立面设计中各个元素也由某种秩序支配和限制，在立面上的排列必有一种秩序性。每个细部构件无论怎样变化与创新都应为它的性质和目的而设计，这是一种理解性的表达。如果一个建筑的外观不明确，恐怕只会让人迷惑，这在大多数场合并不是设计的目的。因此，对于建筑而言，秩序不仅要在形式上得以表达，也要在深层的功能意义上得以存在，这样的建筑物才是清晰的。

由扎哈 · 哈迪德设计的 D'Leedon 项目，在立面设计上极富秩序感。D'Leedon 是由 7 个带空中私家花园构成的塔楼组成的，倒“井”字流体造型的塔楼从公园中脱颖而出，根据每层居住单元将塔楼分为一个个小方格，井然有序地显示在建筑立面上，形成连续的界面，加强了肌理的秩序感。同时，建筑无缝隙的线条让人联想到水的流动、岩石和山丘的地层以及草地充满感性的质感。这些自然元素优美的曲线被进一步抽象到建筑垂直的波动形态上，它们超过地平线，用弯曲的形态直冲云霄。

秩序一旦形成，有人会认为它是一种美，但是如果成为某种限制条件，必然会让人产生新的设计想法来打破这种秩序感。比如在重复的窗子中，改变其中一部分，加大造型或者改变其颜色，让其跳跃出来，必定比原来的立面形式更吸引人，变异形态成为立面上的活跃元素。运用这种打破的设计手法是有意义的，因此，秩序也可以灵活应用。“公建化”的立面细部设计基本上应遵循规律，在保证大秩序不会改变和混乱的前提下有所突破和创新，这样才能使立面设计在不失整体风格的前提下拥有独特的风格。而正是这种打破秩序的形式，“公建化”的立面设计才不会因过于遵循某种秩序而显得单调、呆板。

4. 公建化设计的构成要素

1）窗

在居住建筑的立面构图中，窗是最常见、最普通、最不可或缺的元素。它的样式、形状和排列方式直接影响建筑外立面的效果。如同建筑透明的“眼睛”，表现出千姿百态的神情，窗户玻璃则像一面面镜子，投映着周围的蓝天白云和景色，将大地与建筑融为一体。

（1）窗户的形态和形式

早期居住建筑中窗户一般都是单纯平面上的方窗，按照居住规范基本要求的大小、位置排列。各幢建筑在窗户本身的形式上没有变化，在组合方式上也没有不同，更谈不上独特的个性和表情，单调乏味，千篇一律。在公建化的外立面设计中，各式各样新的开窗形式展示着各自的特点和魅力，表现出前所未有的艺术形象。其中主要的代表类型如下。

异形窗，是指窗的平面投影为不规则形的一种具有强烈造型感的窗户形式。它可能是弧形的、曲面的、转角的，或是不规则多边形等，具有窗的功能，但造型大胆丰富。此类窗多用于客厅和卧室，由于技术发达，较早期的窗多由众多窗扇组合而成，连接处生硬不自然，现在的窗扇处理大多由完整的整片玻璃构成，视觉感受更具冲击力。

如万达瑞华酒店项目，酒店外墙装配上几何异形窗，同时以“交替”的设计形式支撑大楼的顶部和底部，巧妙地配合其表层的模块比例。在酒店平台，大型折叠的三角玻璃外墙创造出戏剧性的三维效果，巧妙地扩大底层餐厅和会议室的采光空间。垂直的模块延长至楼顶处，形成一个围绕屋顶的“皇冠”。

外平隐框窗，指窗与墙面在同一面上，这是公建化处理方式的常用手法之一。由于构图原因，窗与墙面在同一垂直面上，能够使建筑外立面整体感更强烈。同时，平面窗相比于其他窗户，具有安装简单、成本低廉等优点。公寓外立面开窗遵从正方形的模数，以整齐划一的排列形式遍布整个外立面，难以区分其内部的居住单元和功能空间。

（2）窗套的色彩与材料

从整个建筑形体来说，窗套是一个小型的部件。但是对于整体建筑立面，窗套起到了强调及丰富建筑细部的作用，因此，对于窗套的色彩与材料的选择也是很关键的。在表达公建化立面特征时，为了使建筑色彩取得协调的效果，窗套常倾向于使用与窗户玻璃相协调的颜色，以增加建筑的和谐性。

（3）窗及窗框的颜色与材料

一般来说，窗的色彩要根据所依附的建筑的整体风格来决定。窗作为建筑的重要组成部件，不论是从功能上，还是从造型上它都是建筑立面的重要组成部分。因此，玻璃色彩以及窗框的形式搭配是否与其依附的建筑风格相适应，将是影响建筑整体造型的决定性因素之一。现今的窗户发展趋势也是向着色彩和窗框材质的多样化发展。

窗框材质可以分为木、钢、塑钢、铝合金等。在“公建化”立面设计中，窗框的选材比较考究，多选用塑钢窗、铝合金窗等来表现公寓外立面挺拔高耸的性格特征，如 yhsA 建筑事务所设计的 5 Stones 项目。该项目的公寓和别墅每个单元边缘都设有长长的阳台，且每个单元的主卧室都设有半露天式退台，采用固态铝和磨砂玻璃面板的间隔设计。利用黑色的铝制边框塑造出简洁、鲜明且富有规律的立面效果。

此外，CF Møller 建筑事务所设计的 Alvik Tower Stockholm 项目，其墙面采用预制水磨石外墙，使得整栋大楼看上去工艺精湛，光亮照人。同时公寓单元形式多样，配备宽敞开放的露台，大楼外形丰富多变，不拘一格，并且以棕色的“边框”勾勒，极富趣味性。

（4）玻璃的色彩

在表达公建化形象特征的时候，玻璃颜色常选用灰色系、蓝色系，甚至一些跳跃明快的色彩，如红色系、黄色系、绿色系等。不同的窗户色彩带来的造型效果及心理感受也不尽相同。在公建化外立面的处理过程中，白玻仍然是比较常用的一种玻璃。在立面设计中，白玻可与大多数颜色的外墙搭配，且没有多大限制。而且为了表达公建化的立面特征，创造更加丰富的视觉效果，还可以尝试将普通玻璃和其他彩色玻璃组合搭配，使玻璃色彩新颖多变。蓝色系玻璃跟天空和海洋的颜色相近，给人一种清爽、宽广的感受，在公共建筑中是一种常用的玻璃。在公寓设计中，为了表现公建化的特征，也经常选用蓝色系玻璃，与整体形象性格更加吻合。不同色系的玻璃相互搭配容易表现出居住建筑的活力，使建筑造型形成更好的效果，如 Arons en Gelauff Architecten 设计的 Say-chees 项目。

2）阳台

阳台的凹凸造型一般会使居住建筑外立面产生明显的凹凸感。尤其在大多数传统公寓中，阳台要素是识别居住建筑的重要途径之一。但在具有公建化特征的居住建筑中，往往在外立面的处理手法中会削弱阳台的地位，不会让阳台看上去那么突出，模糊公寓的可识别性。在整体造型处理上，把整栋建筑当作一个整体来处理，更强调体量的诠释，弱化以“户”为单位的立面表达。

（1）连续的手法

连续的手法即延伸阳台板的范围，一般起居室和卧室才会配套各自独立的阳台，将在阳台板延续到与起居室、卧室相邻的其他各个房间，呈连续状，从外立面看，打破了传统阳台的点状模式，阳台造型呈线状模式。这种做法具有公建化特色，每一层都具有连续性，“户”的感觉非常微弱。

如 KDG 设计的海南波波利度假村项目，白色大出挑的屋顶，纯白色的墙面，出挑的阳台，既丰富了造型设计，又使得立面错落有致。大面积的玻璃落地门与窗台设计，既开阔了视野，也使立面变化丰富、虚实呼应。在形态变化上，连续的大露台空间增加了人与自然的交流空间。

（2）栏杆

居住建筑中一般会在阳台和凹廊的边缘设置栏杆，主要起到保护安全的作用，同时作为一种形态构件，具有美观功能。栏杆一般做得比较精致，因为可以近距离接触栏杆，而不像其他大型构件只能远观。铁艺栏杆和玻璃栏杆在居住建筑中广泛使用，使得阳台的造型变得精巧和通透。正确使用玻璃栏杆会使居住建筑外观具有十分出众的效果。深圳红树西岸板式公寓采用了玻璃栏杆，每层阳台排列成“Z”形，所以每个单位的阳台均有部分未被上一层遮盖，身处阳台时仿佛置身于室外园林中。

同时，错落排列、连续的、长度不等的阳台玻璃栏杆设计，增强了建筑整体造型的“公建化”效果，给人以现代和时尚的感觉。

（3）构架

在公建化外立面设计中运用构架是一种比较流行的做法，因为其体量较大，是居住建筑外观造型感的一种有效的装饰构件，而且有些构架属于主体结构部分，是外在的结构横梁，能够增加建筑物整体刚度。构架一般为横向线条，或横竖线条垂直交错。这样的做法能够使居住建筑形成有逻辑的整体关系。例如ADDP 设计的 Cube 8 公寓，建筑师摆脱了“公寓”建筑的常见的形式语言，而采用多种大小不等、个性十足的构架。建筑师赋予建筑平整的形体和被构架强化的立面，这种手法使得 Cube 8 公寓具有显而易见的“公建化”设计感和自然融入周边城市环境的亲切感。

Handel Architects 设计的阿姆斯特丹街 170 号大楼位于曼哈顿上西区，业主要求在狭长的场地上营造尽可能大的建筑面积，同时出于节能考虑，不希望建筑为全玻璃结构。设计师将网状结构外移，避免了立柱浪费的室内空间，凸出的立柱和楼板为玻璃外立面起到了遮阳的效果。整个网状结构由混凝土建造，结构模板呈交叉形状，与复杂的玻璃纤维系统紧密连接在一起，以获取最大的节约效益。建筑外立面交叉点高度不一，赋予建筑动感和活力。

此外，如 McNally Sissons Architects 事务所设计的澳大利亚悉尼绿色广场 Ite 9A 项目。该建筑由 6 个体块构成，布局开阔，由开放式的“街道”连接，形成一个重复且有序的结构框架。在公寓项目中采用这种构架的公寓模式可打造充足的自然采光空间和通风良好的走道，还可在室内看到外面的景观，很好地辨明自己所处的方位。

（4）突变的手法

突变也是处理阳台的重要手法之一，运用这种手法仍然可以保留传统阳台的点状形式，取得突变的视觉感受并使人获得惊奇和赏心悦目的感觉。阳台在居住建筑中可以隔一定数量的楼层设置，如 Arquitectonica 设计的香港 Seymour 项目，采用的是在同一垂直面上将阳台隔层设置，并将相邻阳台上下错开的处理方法，形成斜角的韵律。

或者只在大面积开窗的某个部位设置阳台，或者只在某个部分将阳台多样化处理。这种效果的形成是在做连续的韵律和规则的秩序感觉中，由一个新的元素创造出活泼的造型。如法国蒙特利埃的“白树”项目，该项目造型独特，采用突变的手法，其白色建筑外观上从底部到顶部探出了众多阳台，这些阳台像密密麻麻生长在树木上的枝条，该建筑也因此被称为“白树”。

此外，Arquitectonica 设计的香港 Mount Parker Residences 项目也体现了这一特点。

Make Architects 设计的 Grosvenor Waterside 项目，灵感源于交错式组合复杂精细的结构，凸出的露台配以有孔及精密细致的草纹图案饰面，嵌上香槟金色的镶板，并以泛着微光的铝金属饰面营造出眼前一亮的效果。

Västermalms 庭院项目是一个大型公寓项目，建筑外观由明亮的灰色石膏包裹。根据卧室的位置、大面积的玻璃房间和朝向，为每个大卧室提供一个三角阳台，从外观上改善了视觉效果。

5.“公建化”外立面的色彩处理手法

1）色调整体性

在居住建筑外立面“公建化”的设计表达中，整体性是一个很重要的特征。巧妙运用色彩有助于建筑的整体统一，并且能丰富建筑外立面的语言表达。如 NEXT Architects 设计的福州寿山大厦项目，为了避免传统公寓楼的单一的户型和外观，建筑师设计了阳台，并且巧妙地运用色彩，以确保建筑的多样性。建筑主楼的阳台看起来宛若当地著名的“寿山石”，在一天的不同时间段，呈现统一的黄色或红色。设计师创建了各种各样的独立公寓，每个公寓都有各自独特的户外空间，同时，波浪形的绚丽阳台栏杆使整栋建筑变得生动活泼。

Solano & Catalan 设计的 High Density Residential Building 位于西班牙，经历了地产热潮和地产泡沫后，西班牙房地产商针对住房政策进行创新，外立面采用橘、红两色，使整栋建筑充满生机、热情。

2）色彩的对比

109 Architectes 设计的 Achrafieh 442 项目在立面色彩设计上使用了棕色与白色两种颜色，在视觉上形成一种明暗对比的效果。交替的平面形成了阳台，从不同程度上降低了项目的密度。同时这种结构以较轻的形状来增加建筑高度，并逐渐消失在空中。总之，项目在色彩设计上的特点主要是强调色彩的对比性，表达建筑鲜明的个性。

3）色彩的组合

（1）整体运用单色系

在“公建化”立面设计中，整体运用单色系使居住建筑形态具有雕塑感。如海南波波利度假村项目，整体采用白色系，造型个性、干练，让人过目难忘。

（2）色彩的突变

打破原有的色彩基调，在建筑立面上让某一部分突然产生强烈的色彩对比效果，使建筑个性矛盾、复杂，形成让人难忘的视觉冲击力。如KCAP建筑师与规划师事务所设计的The Red Apple Rotterdam（红苹果）项目，它是一栋典型的建筑，但非单独的建筑。实际上，它是由多个不同造型的建筑组成的建筑群。“红苹果”公寓综合体的红色条纹立面在这个建筑群里十分显眼。另外，项目运用的材料是阳极氧化铝，其本身就具有非常强烈的色泽感，加上建筑的高度，与周边建筑体的色彩形成强烈的对比，可以让人们一眼认出。

(3) 多种色彩的搭配运用

由于“公建化”的公寓立面造型变化多样，因此可以在有变化的部分或者在大面积的外墙上按比例分配喷涂不同色彩的涂料。这种做法的实质是通过划分色彩改变视觉比例，使本来体积相同的凸出体块变得大小相异。有时采用同色系的接近色，追求整体和谐；有时采用对比强烈的几种颜色，追求相互反差。如 Elenberg Fraser 设计的 A’ Beckett Tower 项目，该项目大楼的 347 扇百叶窗选用 16 种不同的颜色，并且与当地建筑环境完美融合。这种多彩的颜色不仅成为该建筑的一种符号表征，而且是对色彩感官影响的一种探索和对歌德的色彩理论的一种验证。

© Elenberg Fraser via CTBUH

(4) 运用色彩突出立面细部设计

色彩的正确运用可以营造建筑物凸出或缩回的感觉，以及体态厚重或轻盈的感觉，这样可以使形体上的某一部分表现出伸缩特性，以达到体量统一的目的。在“公建化”的外立面设计中，由于其整体性较强，建筑体量较大，这时可以通过不同色彩明暗度和饱和度的搭配，形成视觉上的远近感，创造空间层次感，弱化建筑体量感。

当人们离建筑较远时，不容易感受到其细部设计或忽略建筑本身的材质运用，这时可以通过色彩来调节，把一些艳丽的色彩运用到需要突出的地方，产生一定的视觉焦点，引起人们对细部设计和材质运用的关注。

6. 对公寓立面设计的建议

公寓立面公建化有利有弊，但是作为一种新的流行趋势，其存在必然有可取之处，只要合理利用，于城市、于业主而言，都是可以创造积极效益的。以下为公寓立面公建化的几点建议。

1）有选择性地建造公建化

在城市广场、交叉口、主要商业区进行公寓立面公建化是有必要的，这些地方是城市的门户，最能代表城市的形象。公寓外立面即城市的景观面，应当配合城市定位，结合周边环境，与周边建筑或场所进行合理衔接，适当运用公建化的设计形式，以达到提升城市品位的目的。

2）注意城市文脉的保护与延续

城市文脉具有延续性和不可逆转性，必须保护城市中具有代表意义的历史街区和历史文物。

在进行公寓立面公建化的过程中，不能与历史文化街区和历史文物形成过于激烈的反差，要进行平稳过渡和良好融合。

3）重视立面设计的多样性，加强立面风格的可识别性

对公寓立面进行公建化设计时，应注重风格的多样性，使社区具有可识别性，增强住户的归属感和社区感，尽量减少公建化立面的压迫感给人带来的心理负担。

4）注重技术更新和优化

综合考虑各种主体的利益，将新技术应用于公寓立面公建化的优化设计中，积极推动公寓立面公建化技术的更新与进步。

参考文献：

[1] 龙晓璐，杨建觉，刘立志 . 浅析公寓立面公建化的利弊 [J] . 城市建筑，20141047

[2] 我国城市居住建筑外立面“公建化”设计初探 [EB/OL].
http://www.doc88.com/p-4189036277239.html.

第三章

公寓设计的新趋势——形体“软化”

第一节

形体“软化”概念

“软化”一词出于曾坚写的《当代世界先锋建筑的设计观念》一书，他认为当今建筑形态的多元化、混乱无非是一种表象，现代先锋建筑中的审美变异，有确定的美学内涵，也表现出总体趋势，即“审美软化”。

形体风格的转型和探索反映了时代和潮流的变化及要求。建筑师在数字化、信息化时代大潮的影响下，会做出自觉的探索和响应。这种响应表现为建筑的美学倾向，从现代建筑时期的“总体性思维、线形思维、理性思维”向“非总体性思维、混沌思维和非理性思维”的模式转变。而在形体塑造方面则超越了以往现代主义的单一形体和强几何形体，体现为“软化”的倾向，主要表现为以下几点。

（1）建筑形体体块的分解：由单一的纯净集合体转向多维、动态、流动、无定形。

（2）景观、生态的引入或随着建筑本身高科技含量的增加，建筑形体不再作为主导，相对处于一种弱化的姿态。

（3）建筑的信息表达从手段到内容的软化：采用影像等光电技术作为建筑装饰物的技术手段，同时信息内容也相应虚拟、抽象化。

（4）在建筑材料的采用上选取既能透露建筑物内部又能反映周围环境的半透明现代建筑材料和轻、薄、细的构件。

第二节

形体软化的几种类型

审美意识、文化的转变，现代科技的支持，使得建筑师批判性地接受现代主义体系，也使对现代主义的单一形态进行软化的建筑师和建筑增多。形态软化的设计手法有以下几种。

1. 多层次立面

用透明、半透明等现代材料构成多层次立面，以分解大块实墙体，丰富视觉效果。如 Handel Architects 设计的 OneEleven 项目。OneEleven 采用连锁块结构，从公寓底层到顶层都采用透明或半透明的玻璃材料，嵌入式玻璃“丝带”围绕着整栋建筑。玻璃“丝带”还可以用作绿色空间和阳台。第 25 层的“丝带”与西侧建筑的退台连接在一起，围绕在建筑裙楼和庭院四周，形成一个绿色的屋顶区域，提供丰富的视觉空间。

OMA 设计的鹿特丹斯塔克多大楼采用半透明的高科技隔热玻璃，使整栋建筑轻量化了许多，与周围厚重的建筑和谐共存，同时采用模块化的建构体系，增加了建筑使用的灵活性。

Delugan Meissl Associated Architects 设计的 Casa Invisibile 是一栋柔性壳体建筑，由预制结构组建而成，灵活可拆卸，能很容易地安装在任何场地上。外立面采用高反射的材质，从而削减了自身的体量感，融入周围的环境中。

2. 增强局部互动性

巧用遮阳板、雨篷、屋顶等建筑元素，甚至采用光、裂痕等“非物质”元素来强调局部的互动性，从而达到分化强形体的目的。或利用楼梯、电梯、中庭的扭曲、多维设计对单一几何形体予以分解。

如 Studio Daniel Libeskind 事务所在南美洲的第一个项目 Vitra，Vitra 是位于巴西圣保罗伊泰恩比比的一幢带有玻璃幕墙的高端高层公寓。这幢大楼最大的特点便是曲折的玻璃立面，这些多面体的立面通过内置的阳台联系起来，形成一种韵律感。设计师在楼层平面的外边框、建筑墙面和塔楼收尖等处做了精心的设计，曲折的玻璃墙面和玻璃幕墙上动态的倒影，有效地“软化”了巨大的建筑体。

DWP 设计的 Maysan Towers 就是通过突出围绕整个塔楼的阳台，使用透明玻璃材质的护栏对建筑形体进行裂解，从而达到“软化”建筑的目的。

Rafael de La-Hoz 设计的公寓项目坐落在多瑙河畔西岸，该项目采用虚实交替的连续曲形阳台，同时引入植物将建筑和景观联系起来，保证观景连续性的同时，确定公寓楼的最佳朝向。

3. 对强形体进行切割、解体，使建筑轻量化

盖里等建筑师的作品集中体现了这一形态软化的设计手法，“我最喜欢做的事是将一个工程尽可能多地拆散成分离的部分，所以，与其说一栋房子是一个整体，不如说它是由十几个部分组成的”。盖里就是采用这种把强形体弱化、打散成形态各异的个体的手法，使得作品生动活泼、动感十足，例如由他设计的 Toronto Sculptures 项目，充分体现了该设计理念。

此外，UNStudio 的设计 WTC Wenzhou 项目将每座高楼外围都根据其高度运用一片片重峦叠嶂的外框修饰，从而勾勒出高楼不同的结构和形态。在框片重叠处，建筑设计师设计了花园和会议场所。周边花园和露台等融合建筑，塑造出一个河畔公共绿色区。

BIG 事务所设计的 Marina Lofts 位于劳德代尔堡滨海公园的工业带，两个初始塔楼被视为一个连续建筑，中心被“打破”形成一个开口，形成建筑之间的最大人流活动区，同时将城市生活扩展到海滨。

美国ODA事务所设计的303 号公寓，位于纽约曼哈顿，被称为“新城市现实”。这是一座中等尺度的塔楼，直指天空，而层与层之间还有极具雕塑感的空中花园。44 个公寓中有 11 个具有私家花园，这些 5m 层高的花园可以让自然光穿透。建筑核心中应用的结构形式使得风力荷载达到了最小，不影响开放的景观。

Aedas 设计的 Empire Tower 在平面标准布局的基础上将立面分割成九片边缘锋利的“片状”，强调了大厦的垂直体量，整个形体弯曲向上，与硬朗的片状边缘形成对比，使整个建筑造型充满动感，具有强烈的视觉冲击力。

Asymptote Architecture 设计的 Velo Towersye 也是将建筑形体进行切割、解体的案例，本栋大厦共有八个独立的公寓单元，相互叠加、旋转、延伸，形成两栋既独立又相互联系的整体。大厦不再是单纯的体块，而是经过排列组合后与周围环境相互渗透，建筑内的人可以随时到户外享受空中花园和美景。

Adjaye Associates 事务所设计的糖山项目是曼哈顿历史街区糖山区的一个混合用途开发项目，其中有一些保障性住房、早期教育项目以及文化设施。这是一个具有纹理的平板式建筑，通过相互错开退让，上方的建筑在第 9 层向后退，形成了一个 3m 高的露台并且在对面形成悬挑，可以满足不同功能空间的使用需求。

建筑形体的切割、解体不仅仅是一种软化建筑形体的方式，有时也是一种解决复杂功能问题，提供丰富空间体验的设计思路。

4. 利用影像、符号对建筑表面进行包裹，增大建筑表皮的信息传达量

如 Casanova +Hernandez Architects 设计的 Ginko 项目位于荷兰 Veluwe 自然公园附近，为了呼应场地，玻璃立面印有不同黄、绿色调的银杏树叶图案，为了避免视觉重复，每扇喷涂立面都是独特的。喷涂的自然、有机的图案如同虚拟绿色立面，使建筑融入公园的绿化中，减少了它对周边环境的视觉压迫，也赋予了建筑轻盈和非物质的标志形象。

5. 通过交叉设计实现流动空间，增进人际交往，从而达到更大的社会复合效果

如 BIG 事物所设计的 Yongsan International Business District 项目就是运用的这种设计手法。此外，OMA 设计的 The Interlace 项目也体现了交叉设计的特点。31 座六层高的公寓楼按六边形形状摆放，互相交错重叠，形成了 8 个大尺度的通透庭院。项目好似一个“垂直村落”，大量的社区设施交织在交错重叠的空间里，为人们在绿色环境中提供了社交活动、休闲及娱乐的场所。

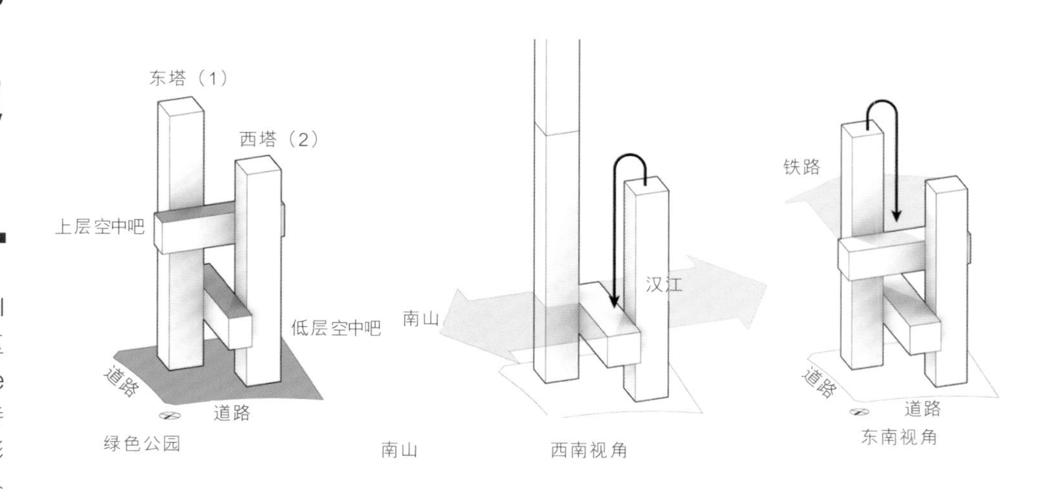

6. 运用曲线、曲形等建筑异形界面

这是一种真正立足于理性分析基础上的建筑形态，其设计主要从建筑的生态出发，根据建筑采光、遮阳、通风的需求来设计建筑空间的界面形态。

Danielsen Arkitekter 设计的 Metropolis Apartments 位于哥本哈根港的一个小半岛上，建筑采用曲线外形，立面表皮材料由白色混凝土、大理石粉和玻璃纤维组成，随着天气的变化，外立面会呈现青蓝色。波浪形的蓝色造型呼应着运河与天空，同时又能打造纤细的建筑外形，软化了与周围环境的边界，提供了丰富的建筑表情。

Tony Owen Partners Architects 设计的 Eliza Apartments 位于著名的海德公园中央商务区的伊丽莎白大街，是一栋十七层高却仅拥有十九套公寓的建筑，整个外立面根据太阳位置的变化，结合每层的设计条件，使用独特的参数化设计，创建了随着环境变化而变化的立面，干净的立面线条和微妙的曲线生动而高雅。

Frank Gehry 在纽约设计的大厦，整个外立面采用褶皱的不锈钢造型，结合公寓的凸窗设计，产生了 200 个独特的公寓布局，每层每户的凸窗形式和位置都不一样，给室内房间带来美妙光线的同时，提供了不同角度的景观视野。作为纽约市最高的公寓建筑，给市民创造出了一道独特的城市天际线。

7. 使用先锋学科的成果，使建筑更具有动态、不定、有机、仿生的特性

如 Arquitectonica 设计的 Landmark East 项目，在一个狭长的空间内，两个简洁的直角板层塔楼形成相互关联的塔体。塔楼与该址的特色互相呼应，纤细、优美的动态构图，使高楼本身从周围建筑中脱颖而出，让人感觉就像竹子在风中轻轻摇曳。该建筑的设计理念就是让其本身超然于周围呈静态的商业区建筑，营造一种动态感。

HOK 事务所设计的巴库火焰塔位于巴库，被称为“永恒的火焰”，巴库对火焰的崇拜有着悠久的历史，而这也成为项目造型的灵感来源。项目由三个火焰形状的塔组成，每一个塔都有不同的功能，呈现三角形的形状。高达 140m 的巴库火焰塔将会成为周边地区的制高点，也是巴库天际线的亮点。

8. 将绿植景观引入立面

借助自然景观“软化”建筑的硬技术，既可在视觉上与周围环境取得和谐的效果，又能美化室内环境。如 Aedas 设计的 Gramercy house tower 项目，为了降低商业平台的体量，并加强与街道的融合性，Aedas 利用建筑退台以提供更广阔的景观，同时将平台切割成三个各具特色的立体设计区域。项目 位于大楼密集的公寓小区，景观引入立面也为毗邻环境提供绿化效果，同时提高用户和行人的生活质量。

例如 UNStudio 设计的 Canaletto tower 项目，建筑立面弯曲的金属及玻璃制品将这座塔楼分割成一系列 3~5 层的建筑体块，每个体块都可以作为一个独立的“空中聚居区”。该建筑外观质感很好，给人与众不同的感觉，且内部设计特点以及景观要素被很好地延伸到外观上去，与周边的伦敦城以及泰晤士河完美融合。

由 UNStudio 设计的 The UIC building 公寓项目也有同样的特点。每座大楼都被“倒角”框定，这些“倒角”形成一条线，将公寓楼、写字楼和基座连在一起。白天，倒角显得光滑平整，与外墙表面上的纹理形成鲜明的对比。夜晚，倒角上的灯光被点亮，形成一条连续的线条。 沿着外墙，一系列的空中花园为发展 Von Shenton 的可持续生活方式发挥了不可或缺的作用。这些郁郁葱葱的绿色空间为城市提供了庇护，也提供了更加清新和干净的空气。居民可以在公寓大楼的两个空中花园中观赏城市与海洋的全景，复式公寓中的用户配有单独的私人户外屋顶露台。

ECDM 将 40+101 Residential Apartment 的室外阳台设计成曲线形的建筑立面，试图将这种层叠交错的室外空间向外延伸，以扩大建筑的绿色面积，平均面积 60 m^2 的公寓配有 25 m^2 的大阳台，宽敞开阔的空间让住户欣赏到美丽风景的同时也能保护住户的隐私。

此外，ADDP 设计的 Treehouse 项目，其表皮“长”满了绿色的植物，在高楼林立的城市中如同一棵绿色的大树。

MAD 在洛杉矶未来新型公寓的研究设计中提出了“云端回廊”的概念，体现了与自然的贴近：每层楼板都配有与公寓单元相应的花园，花园露台和庭院不仅为周围社区提供了葱郁的绿色环境，还为居住者提供了遁入自然的休憩空间。高架走廊和多层次的花园露台塑造城市天际线的同时，也为居民提供了观山望海的观景平台。

Tierra Design (S) Pte Ltd 设计的 Park Royal on Pickering 位于新加坡的中央商务区，垂直绿化的设计形式软化了建筑与周围社区的线条，不仅解决了如何在密集的城市肌理上保护绿色植物的问题，为大楼的使用者服务，还满足了周围居民的需求，波浪形的绿色立面给游人带来了愉悦的视觉享受。

除了上述几种将景观引入立面的方法之外，还有另外一种方式——雨链模式。雨链（日语叫作 kusari-toi，锁樋）是用于描述垂挂于公寓屋顶的任何物体的通用术语，它具有充当檐槽的功能。该设计源于日本，最早是将来自麻类植物最外层的纤维编织成绳索，然后悬挂于房屋的屋檐上。如今运用于高层建筑的装饰设计中，让人眼前一亮。如 seo inc. 公司和室内设计师 Jun Hashimoto 合作，创造“toh”，已经安装在由 Tatsuya Hatori 和 Nikken Sekkei 建筑公司设计的 Kyosai 项目外立面的正面和背面。

纵然“未来不明朗”是当今建筑领域的共同话题，但总的来说，“将建筑构成的全体分解为若干要素，这些要素按照某种规则进行重构是当代建筑的基本原理”。当代建筑形态已经突破了对单一几何形体的追求，并越来越丰富、多元，而在这个多元化的大潮中，“软化”是造型发展的共同趋势。尽管从现阶段来看，这种建筑“软化”形式的探索提高了单个建筑的造价，但从长远意义来看无疑有利于提高建筑整体的经济性。

参考资料：

[1] 彭雷，蔡海燕．深度探讨影响住宅立面造型的因素 [J]. 科技资讯，2009 (12).

[2] 尹志伟．非线性建筑的参数化设计及其建造研究 [D]. 北京：清华大学，2009.

[3] 李文勋．非线性建筑的理论、数字化设计方法及实践 [D]. 重庆：重庆大学，2008.

[4] 张颀，袁姗姗．建筑造型软化倾向研究 [J]. 新建筑，2005(02)：48-52.

[5] 张卫，王川．探讨可持续发展理念下的建筑集成化设计 [J]. 沈阳建筑大学学报（社会科学版），2009, 11(3)：289-292.

[6] 非线性建筑表皮——设计方法与表皮技术 [J]. 建筑技艺，2015(06).

第四章

全球优秀公寓设计解析

第一节　中国公寓

Wuhan

China

武汉

中国

Location

地点

星光耀绿城·尊蓝

东艺建筑
杭州绿发建筑设计有限公司
作品

专家解读公寓设计趋势

本项目以市场和客户群体为设计切入点，将小面积、低总价、低投资门槛作为产品研发的方向。设计定位为“网红”青年社区，以投资客、年轻白领和追求生活品质的家庭为目标群体，通过多重生态景观，精品商业配套，宜商宜居的层高为4.5~5.8m多功能产品，打造创客专属空间！

蒋建坤 星光耀绿城·尊蓝项目总经理

高级工程师，房地产资深营造专家，从事房地产相关行业工作39年。熟悉房地产开发领域各个环节，在蓝城体系和绿城体系就职20年，参与管理营造的产品类型为高端别墅、普通住宅、旅游综合体等。

建筑设计：武汉东艺建筑设计有限公司
客户：武汉中百商业网点开发有限公司
景观设计：杭州绿发建筑设计有限公司
用地面积：79 484 m²
建筑密度：25%
容积率：2.80

建筑师：蔡军（武汉东艺建筑设计有限公司）

项目概况

项目位于湖北省武汉市江夏区，经济、生态、城市化建设等成就使其成为“未来科技之城”。

项目处所的江夏大桥新区，是江夏新开发的核心政务区、商务区、居住区、文化区，近年来，在招商引资、产业发展和人才人口等方面的发展势头强劲。数据显示，大桥新区内目前已签约新型制造业和物流项目50多个，投资总额在110亿元以上，包括腾讯华中总部、武汉农村商业银行总部等企业将落地于此，发展前景 很好。

绿城·尊蓝位于星光大道与红花路的交会处，大桥新区的中心腹地，隶属江夏商务中心区域。

项目东面已落户腾讯、MAX科技园、阳光创谷，以及以AI智能产业为主体的智慧产业区；北面有黄家湖大学城，还有汉口学院、东湖学院、长江工程职业技术学院等十余所高校；南面是江夏区目前的成熟商圈，有联投广场、中百、万豪世纪天街等；西面有以南车和通用为首的汽车零部件工业园。

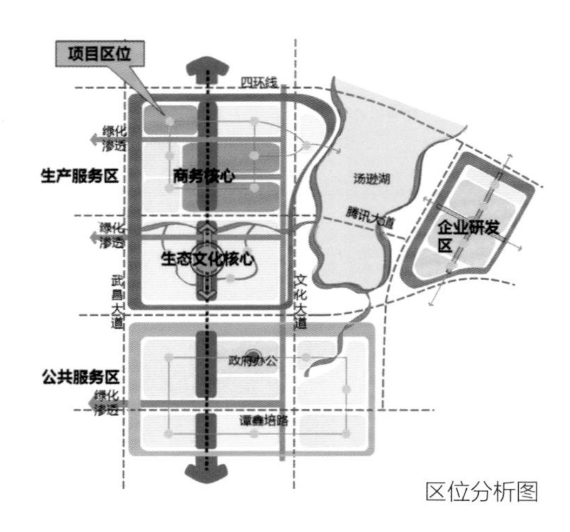

区位分析图

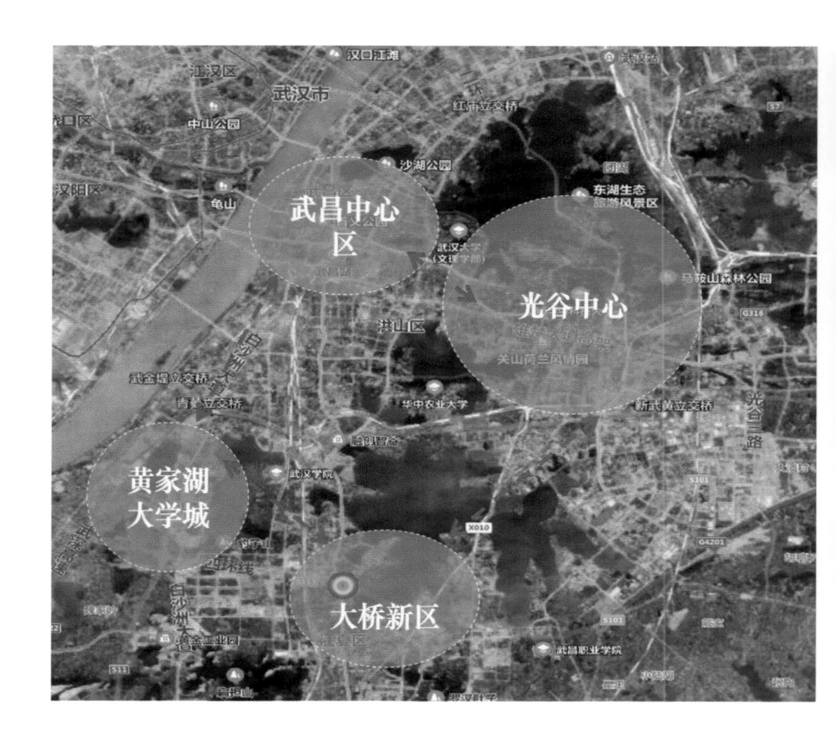

项目交通网

项目紧邻城市四环线，项目距离城市三环线 6 km；
项目距离主要商圈 5~30 分钟车程；
项目距离江夏核心商圈 2 km；
项目距离街道口商圈 14.5 km；
项目距离光谷商圈 14.6 km；
项目距离司门口商圈 15.3 km；
项目周边分别有三个公交站点：星光大道红旗小区站、武昌大道十字岭站、文化大道清江鸿景站。901、917、918 路公交车可以畅达武汉三镇。

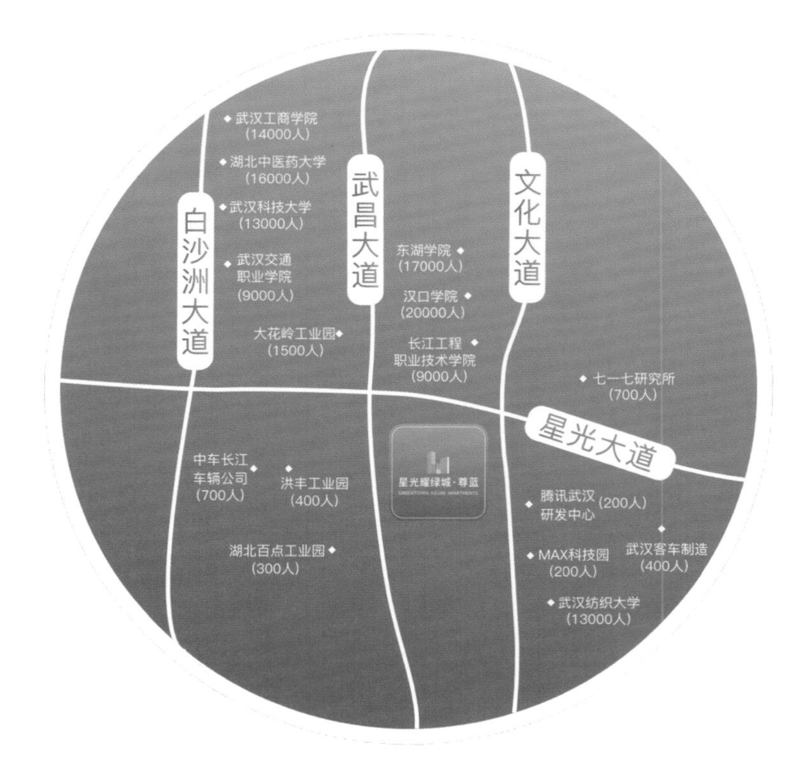

大学和园区配套

项目周边教育资源丰富，高校云集。分布着武汉纺织大学（阳光校区）、武汉东湖学院、武汉科技大学（黄家湖校区）等众多优质学府，多座产业园区人潮汇聚。

在校学生为 70000 余人，教职工 5000 余人，充分发挥武昌南部大学城聚集区位及人才优势，让 LOFT 租赁不再发愁，创造更多的财富价值。

产品介绍

共享社区包含共享咖啡屋、共享洗衣房、共享读书吧、共享健身房等。

产品亮点

①层高约 4.5m，双钥匙、LOFT 户型。
②建筑面积为 42~53m^2，灵动空间、百变生活。
③不限购、不限贷，小面积、总价低。
④共享社区、空间延伸。

ZARA
ZARA
ZARA

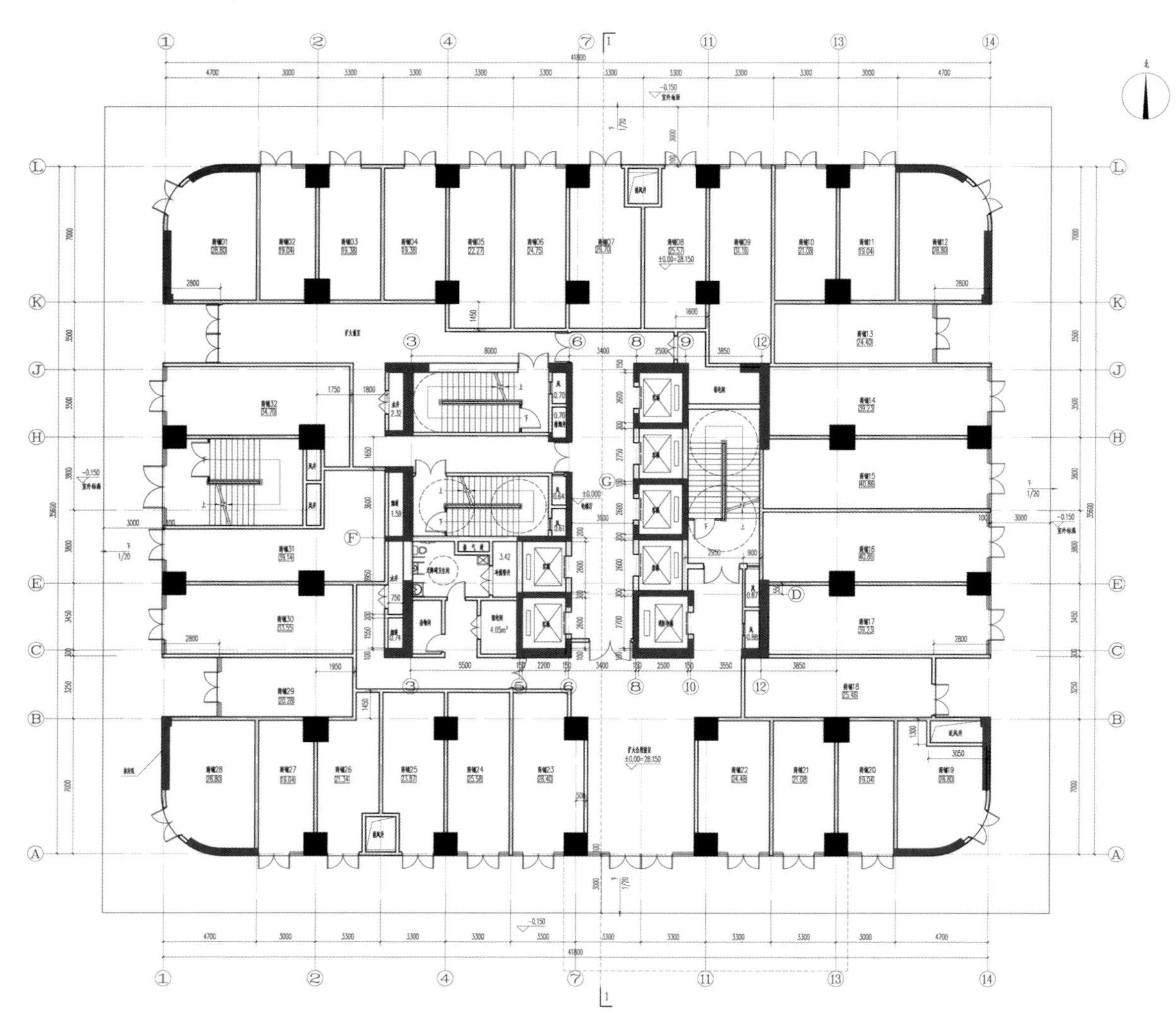

首层平面图

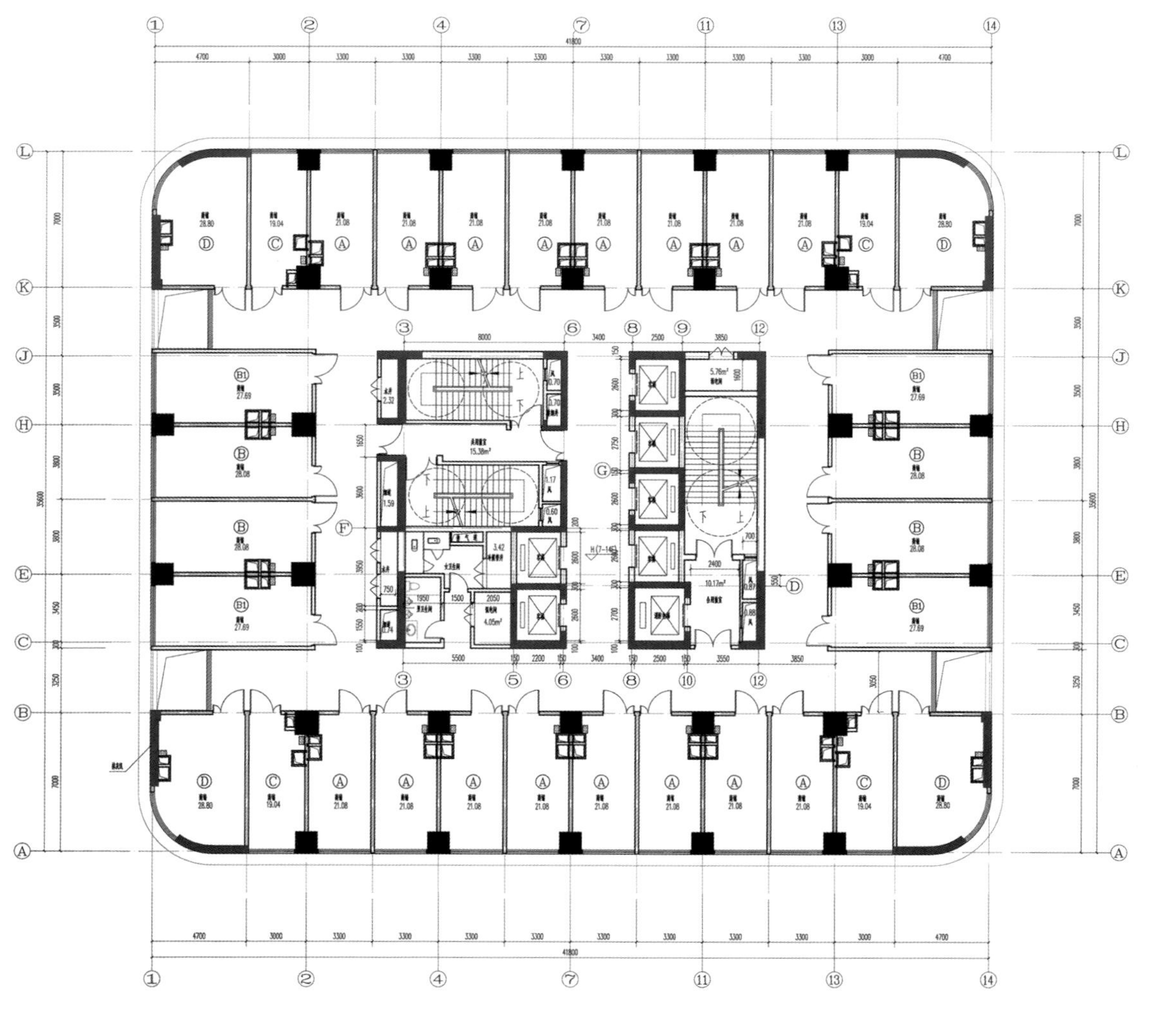

7~14 层平面图

百变空间

开阔客厅：视野范围广阔，空间采光更充沛。

墅级挑高：约 4.5m 挑高客餐厅，实现聚餐、会客多功能。

雅洁卫浴：充分规划利用空间，有限空间内依旧干湿分离。

动静分区：上一层休憩，下一层休闲，动静双线合理分布。

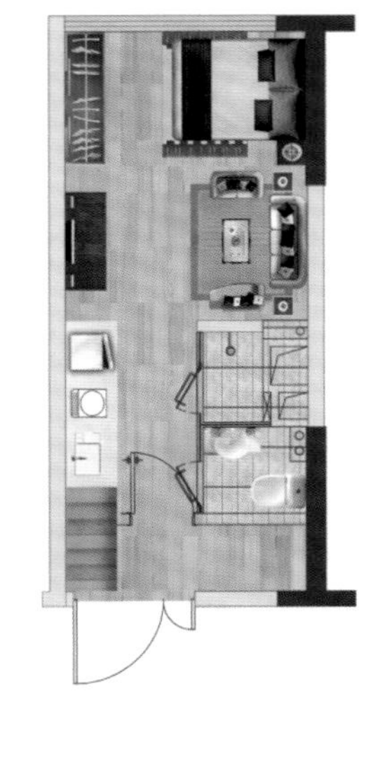

一层 | Frist floor

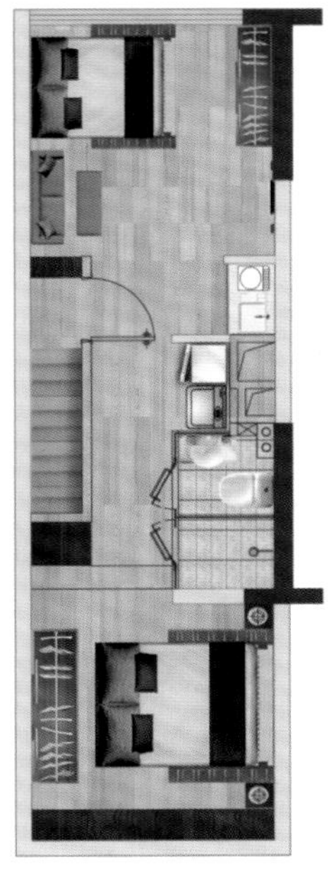

二层 | Second floor

百变空间户型图

无界空间

双层灵动：高利用率、灵动可拓，无界空间自由组合。

全明开间：一层空间，两重享受，精彩分层，互不打扰。

开放空间：开放式设计，亦可一层居住，一层出租。

纵向层高：约 4.5m 充裕挑高，颠覆空间约束，还原自由生活。

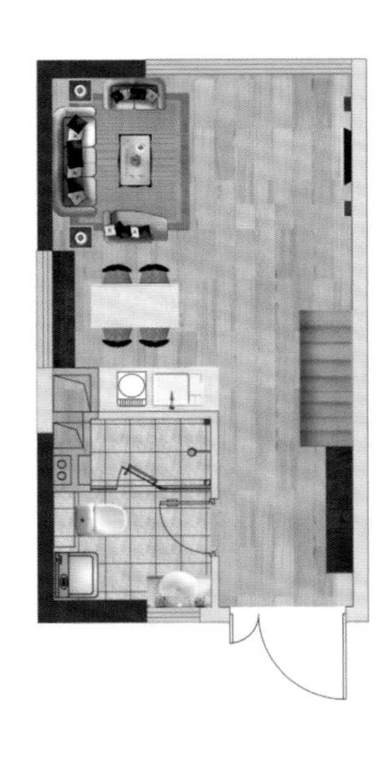

一层 | Frist floor

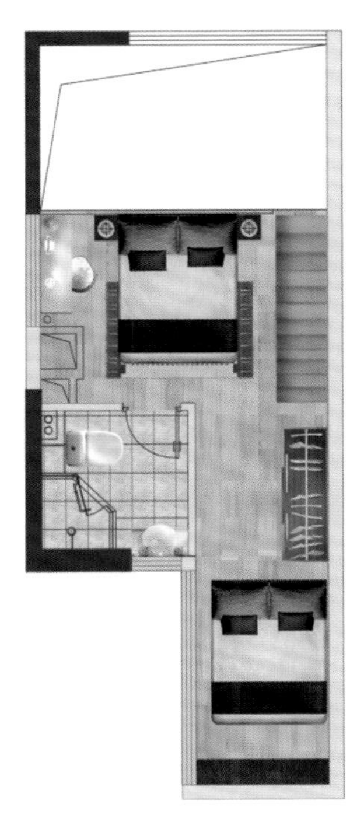

二层 | Second floor

无界空间户型图

贵族空间

阳光开间：享优质采光通风面，生活自在有余。

充裕层高：约 4.5m 挑高强化视觉体验，空间倍显气派。

动静分区：动静合理分区，上一层舒居，下一层欢享。

双层空间：一层空间，两重享受，日日上演居住“双层记”。

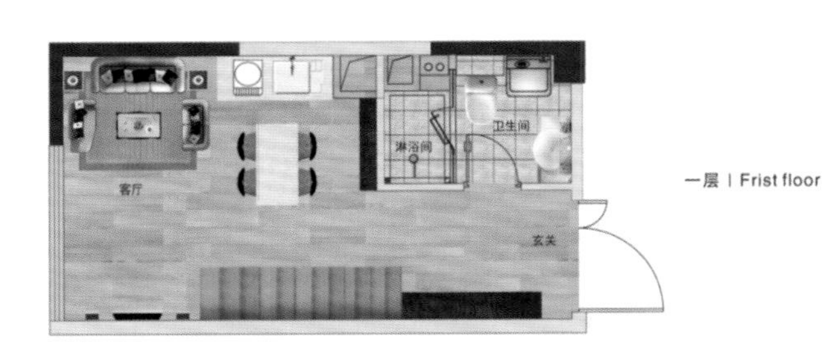

一层 | Frist floor

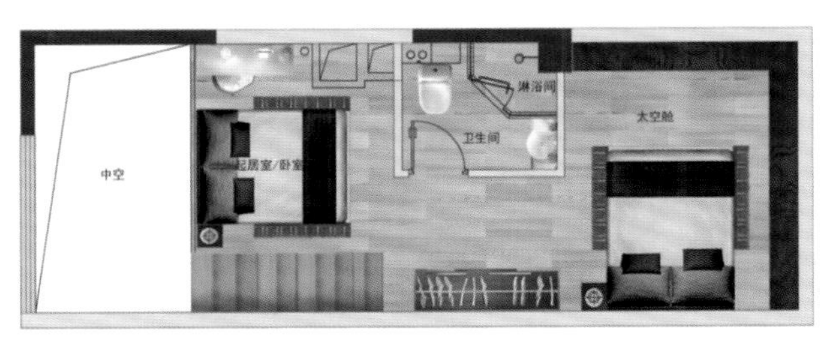

二层 | Second floor

贵族空间户型图

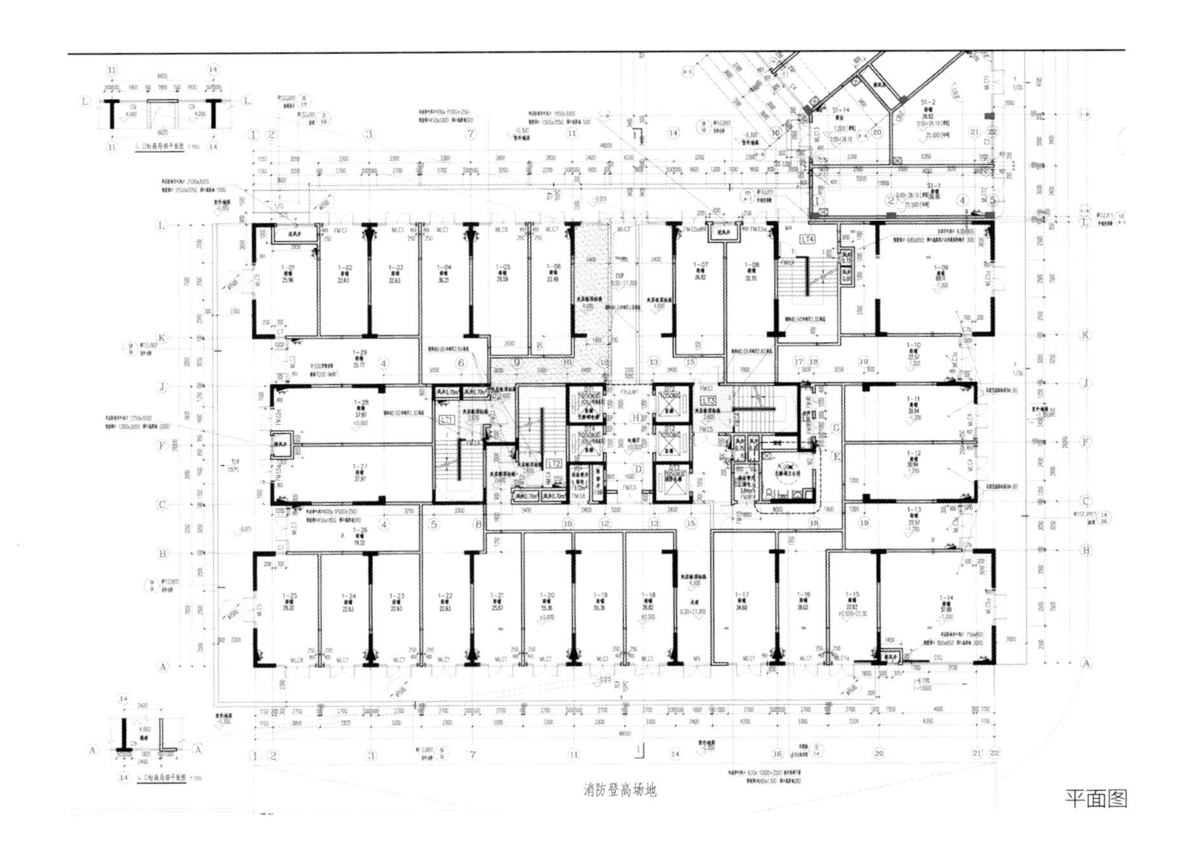

平面图

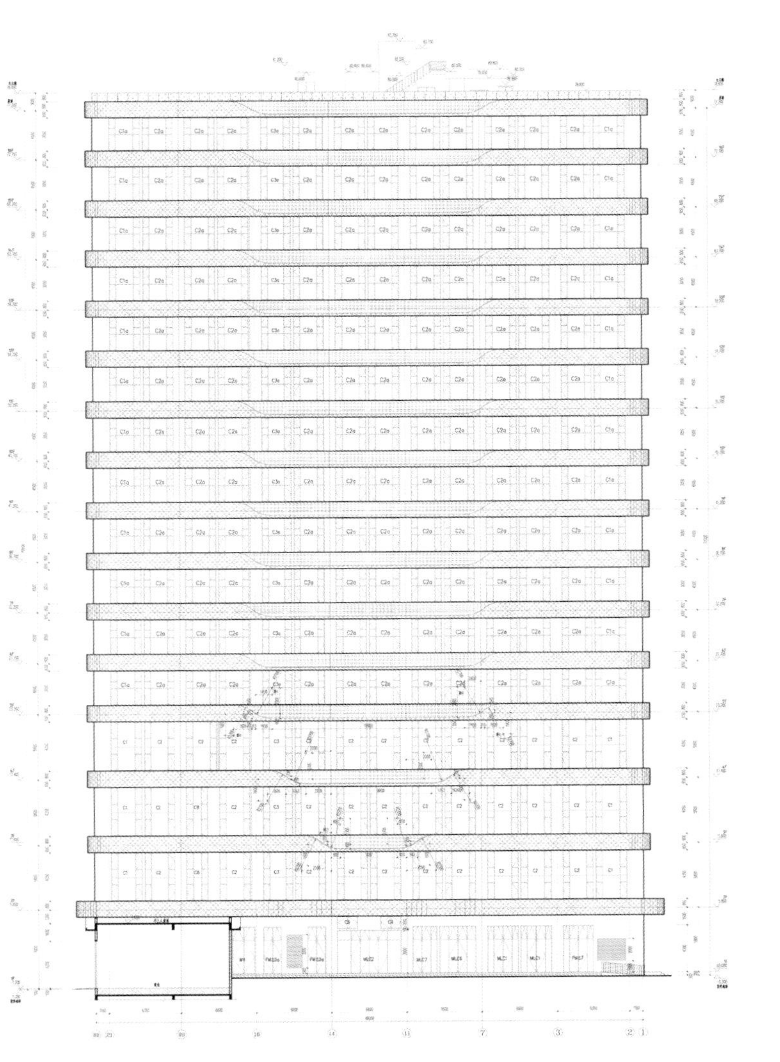

立面图

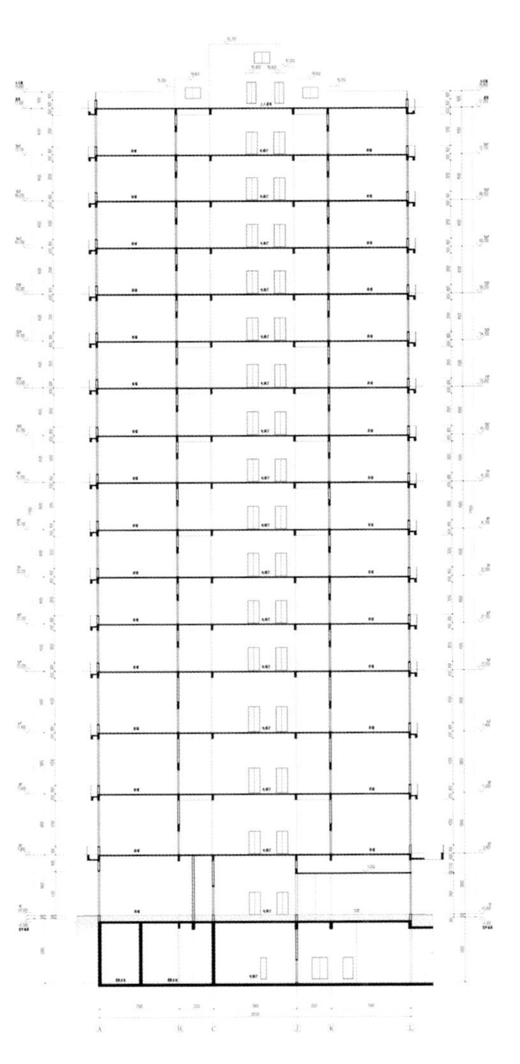

剖面图

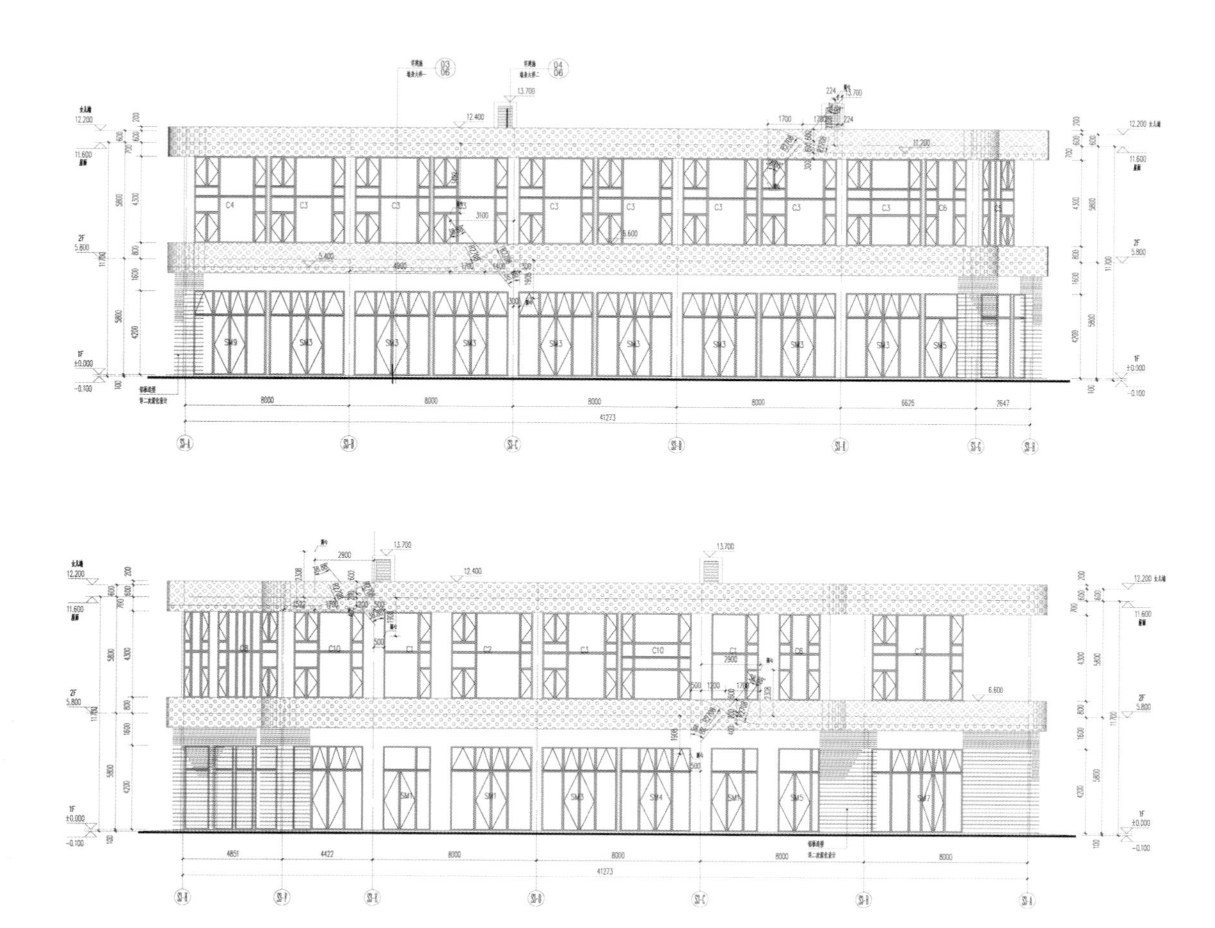

轴立面图

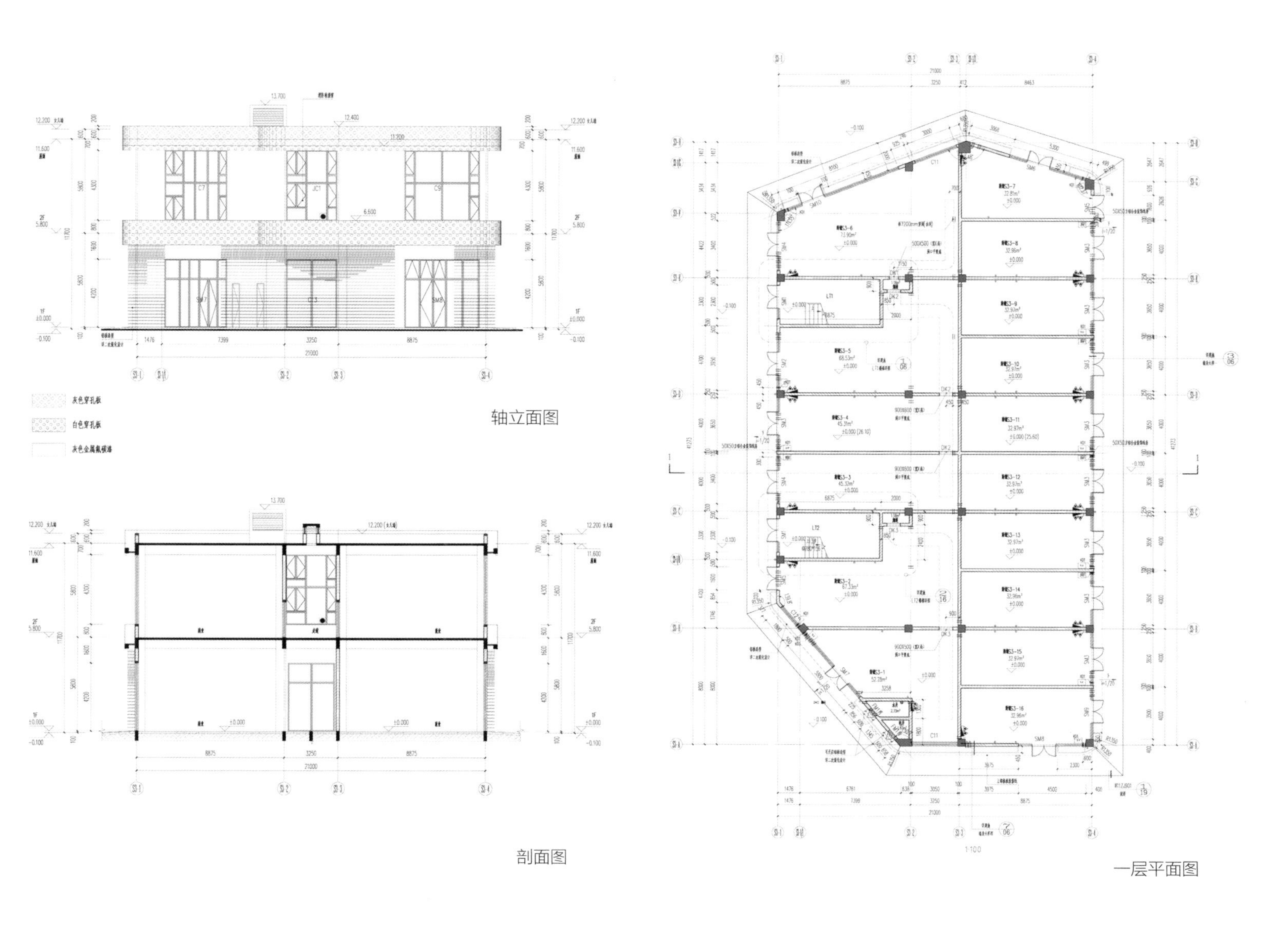
轴立面图
灰色穿孔板
白色穿孔板
灰色金属氟碳漆
剖面图
一层平面图

UNI
QLO
wagas
Metersbonwe
GAP
GAP
JACK JONES
IS COFFEE

专家简介

初光

上海市科技委专家、高级工程师、国家一级注册结构师、地下空间车库研究院首席发明家。发明“自驾式立体停车库”等专利，获得上海市政府大奖，《新型空间悬挑体系初探》等多篇论文发表于中国顶级学术刊物《建筑结构》。

自驾式非机械立体停车系统（LOFT 专利车库）

该系统为全球首创，专门解决停车难问题及高效降本问题，2015 年申请专利，历时两年得到国家专利局授权发明专利。该专利全面颠覆传统车库，是三维空间的突破。根据大数据验证：LOFT 车库为开发商节省 30% 左右的投资，节省 45% 左右的土地开挖工期，同时大幅度提升了美观度和品质感，被誉为车库中的别墅。

更具意义的是，LOFT 车库的应用帮助国家大幅度节约土地资源、实现海绵城市，有助于实现绿色方舟计划，为节能减排、绿色环保作出重要贡献。传统车库的痛点包括：

① 顶板覆土深，荷载大，梁高，占用空间过多；
② 机电管线纵横交错，占用空间大，尤其是排烟风管就占用了约 600 mm 的净高；
③ 为了压缩层高，采用无梁楼盖等结构优化方法，在实施过程中质量管控难度大，易造成安全事故；
④ 机械车库的维护费贵、操作难、通车效率低，投诉率较高，且车位不能销售；
⑤ 顶板及底板荷载大，钢筋、混凝土用量大，防水困难。

通过立体车库专利技术可以有效解决以上问题，为开发商节省大量的人力、物力、财力，并提升车库的品质。它尤其适用于以下项目：

① 满铺地下室，希望快速抢主楼进度的；
② 地质情况恶劣，土方成本较高的；
③ 楼盘档次高，对地库品质要求较高的；
④ 车位售价高于10万元，车位价值较大的；
⑤ 自走式车位不满足，必须采用机械停车位的。

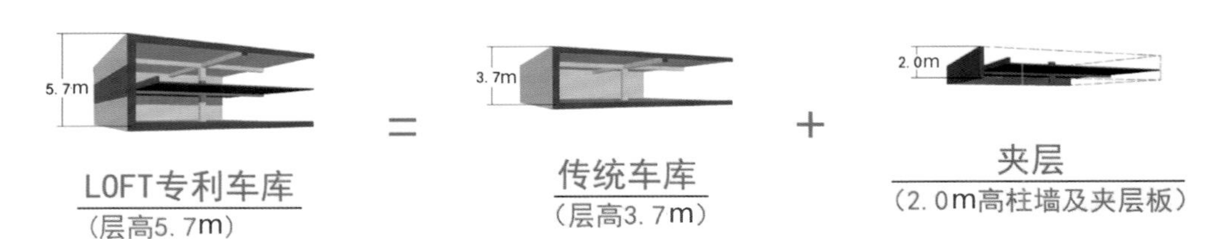

青山湖钻石广场

同济大学建筑设计研究院
（集团）有限公司
作品

项目以扇形布局，强调了中央广场的作用，为市民提供大量活动空间，丰富了人们的休闲生活，突出了休闲、体验、购物一体化的趋势。

范茂胜 星光耀智诚建设集团 董事长

从事房地产开发 20 余年，对地产项目有着深刻的理解和实操经验。现任星光耀智诚建设集团董事长、武汉正和置业公司董事长、潜江青联创业投资公司董事长。积极履行社会责任，热心投身于公益事业。是中国国际贸易促进委员会建设行业分会理事、湖北省青年民营企业家联合会理事等。

项目概况

青山湖钻石广场位于城市双主干道南京东路与高新大道交汇处，青山湖区政府对面。项目集星级酒店、SOHO公寓、特色商业街、地下购物广场为一体。占地面积为 29 791m^2，总建筑面积约为 109 700.79m^2，致力打造城东板块“都市 Park 生活中心”“潮流时尚体验中心”及“商务精英汇聚中心”，构建特色的区域休闲娱乐餐饮配套综合体。项目共分为 A、B、C、D 四个区块。位于高新大道省艺术中心对面的为 A 区地块，是一栋 20 层的酒店式服务公寓，极富都市时尚气息的魔方式外观，让其成为地标性建筑。楼宇总建筑面积 25 000m^2，计划引入高端餐饮、SPA、健身、商旅中心等配套服务设施。

位于南京东路区政府对面的是 B 区地块，B 区地块钻石公馆为一栋 20 层的公寓，单套面积 30~50m^2 不等，为市场主流销售类型。楼宇总建筑面积约 24 000m^2，整体楼身采用全玻璃幕墙设计，最大限度保证了采光以及对现代公寓的诠释。从远处看，楼体高端大气。同时，楼体还采用不规则切边设计，让整栋建筑看起来极富现代感。

C 区是 5 栋点式独栋商业，计划打造全业态高端生态餐饮、企业会所、景观式商业街区。360 度景观资源，可以在低调中感悟奢华，享受全新的购物休闲体验。 位于地下商业的 D 区集运动、休闲、潮流、互动、体验式购物为一体的大型综合广场，地上部分为运动休闲广场，注入潮流及运动元素，地下负一层为大型体验式购物街区。

整体项目预计于 2021 年年底落地，已聘请北京汉博商业管理有限公司专业团队全力打造，建成之后将成为南昌区域性地标商业综合项目。

地址：江西省南昌市青山湖区南京东路 1833 号
开发商：江西龙粤投资有限责任公司
占地面积：29 791m^2
总建筑面积：109 700.79m^2

CHINA

设计师以“师法自然”的理念为切入点，为传统的商业模式注入新的力量，力求创造出令人愉悦的商业空间和购物环境。

从南昌当地气候特点及中国传统生活、购物习惯中汲取精华，并综合国内外先进商业建筑模式和心理学、生理学、生态学等多学科的理论，力争营造一个室内外环境相互交融、充满生机和活力的新型商业区。

方案的总体布局以一条弧形为主题，强化广场的界面商业体量，创造北面、西面和西北角的三个商业入口节点。休闲绿化广场位于基地的西北角，可有效吸引人流进入规划区，提高地块商业价值。本区域的建筑形态设计，既体现了商业建筑的特点，又使得该区域成为城市环境中最具活力的场所。

A地块建筑南立面
A地块建筑西立面

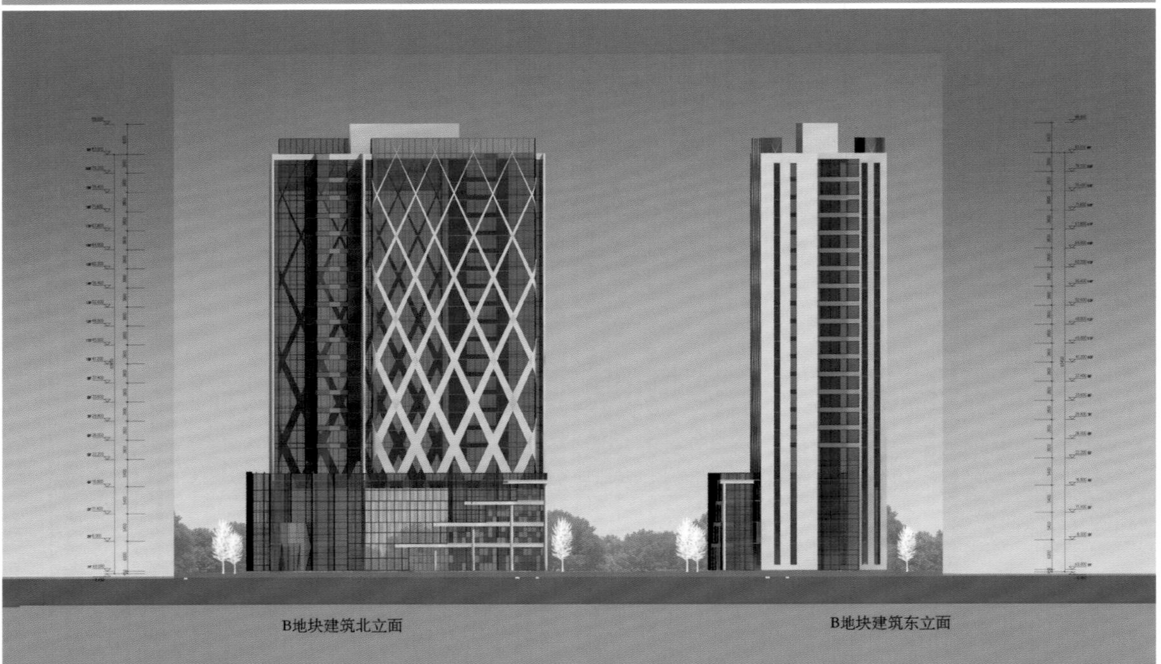
B地块建筑北立面
B地块建筑东立面

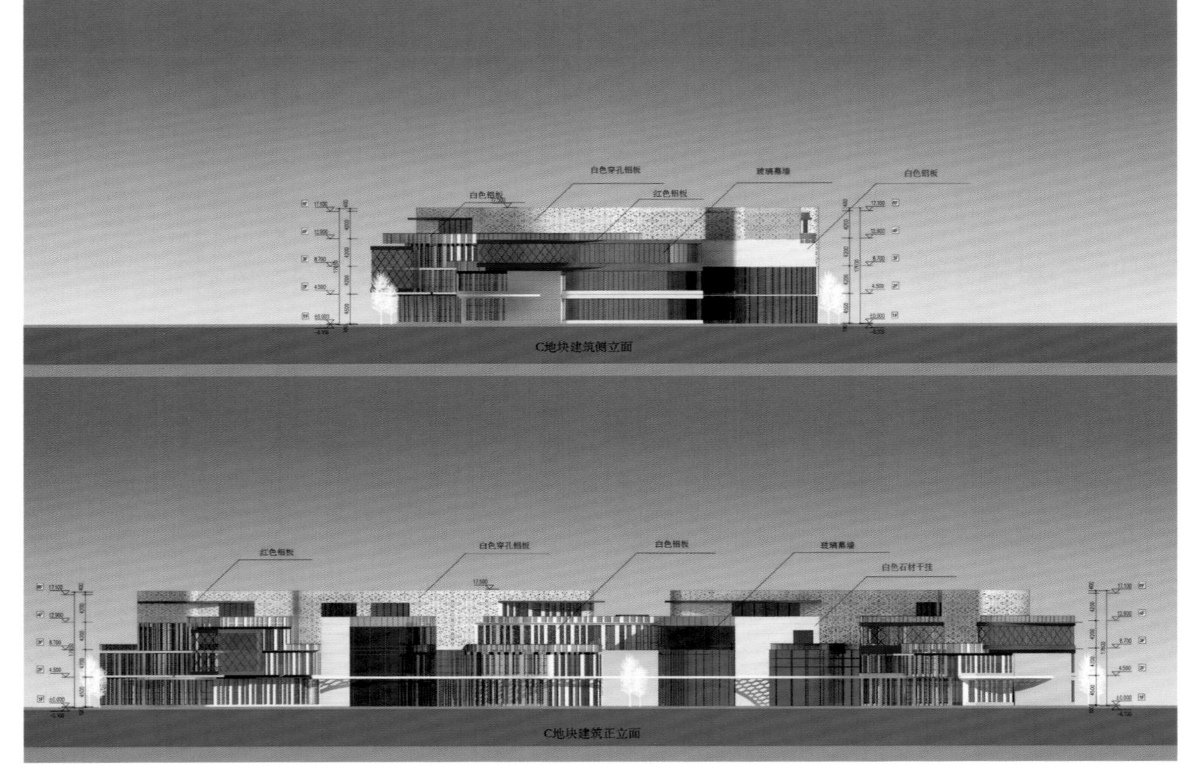

C地块建筑侧立面

C地块建筑正立面

总体主要经济技术指标				
名称			设计标准（m²）	规划设计条件（m²）
规划总用地面积			29791.00	29791.00
规划净用地面积			29791.00	29791.00
总建筑面积			109700.79	
其中	计容积率总建筑面积		78749.12	小于等于78785
	其中	A地块-商业（地上）	3779.16	
		A地块-酒店（地上）	21220.72	
		B地块-商业（地上）	5014.59	
		B地块-办公（地上）	19985.40	
		C地块-商业（地上）	9980.25	
		地下商业总建筑面积	18769.00	
	不计容积率总建筑面积		30951.67	
	其中	地下机动车库总建筑面积	27286.00	
		地下一层夹层总建筑面积	3665.67	
建筑占地总面积			6105.02	
绿地总面积			20405	不小于2公顷
容积率			2.64	小于等于2.64
建筑密度（%）			20.49	小于等于21%
机动车停车位（个）			732	731
其中	地面		30	
	地下		702	
非机动车停车面积			1848.31	1841.40
其中	地面		150	
	地下		1698.31	

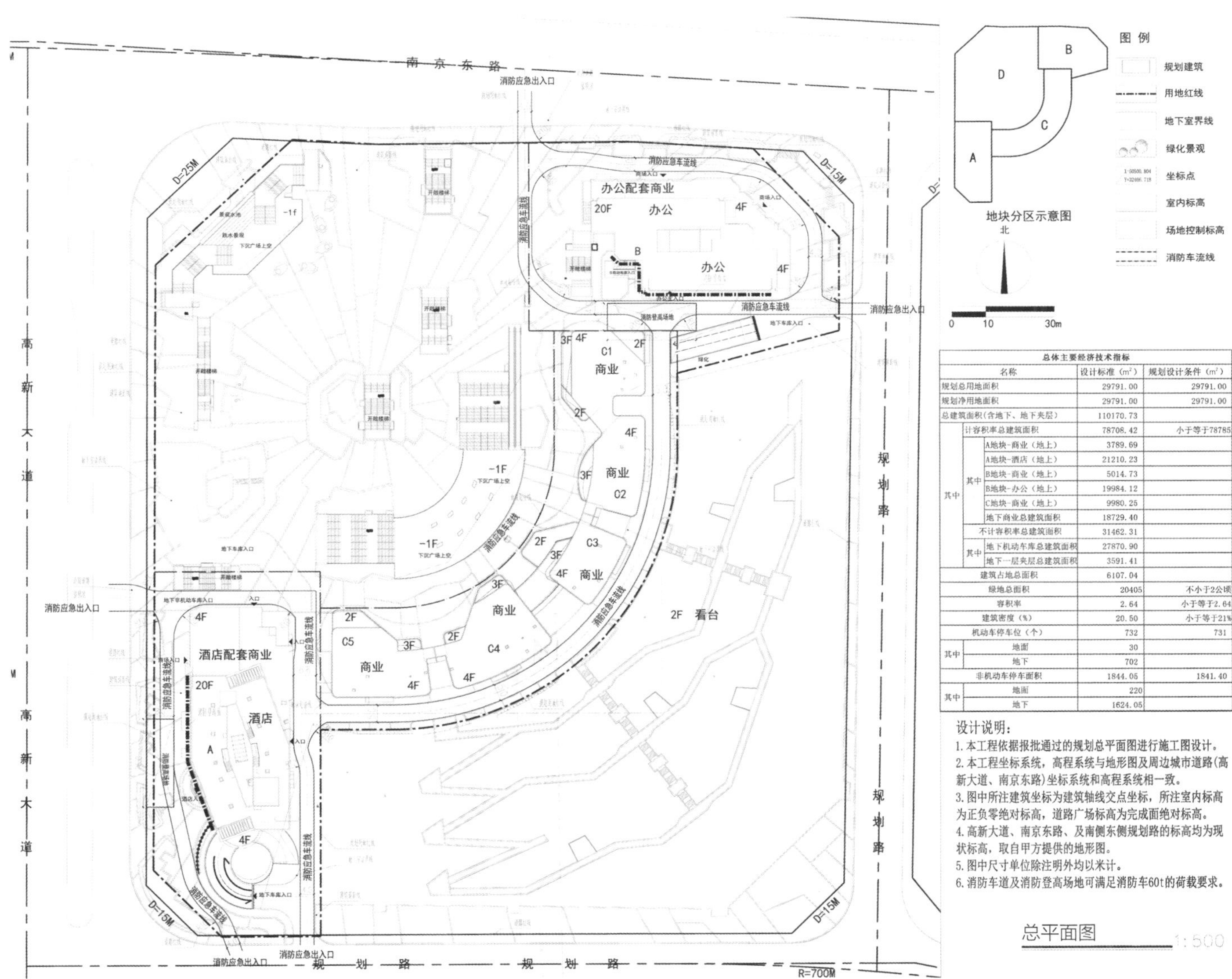

总体主要经济技术指标				
名称			设计标准（m²）	规划设计条件（m²）
规划总用地面积			29791.00	29791.00
规划净用地面积			29791.00	29791.00
总建筑面积(含地下、地下夹层)			110170.73	
其中	计容积率总建筑面积		78708.42	小于等于78785
	其中	A地块-商业（地上）	3789.69	
		A地块-酒店（地上）	21210.23	
		B地块-商业（地上）	5014.73	
		B地块-办公（地上）	19984.12	
		C地块-商业（地上）	9980.25	
		地下商业总建筑面积	18729.40	
	不计容积率总建筑面积		31462.31	
	其中	地下机动车库总建筑面积	27870.90	
		地下一层夹层总建筑面积	3591.41	
建筑占地总面积			6107.04	
绿地总面积			20405	不小于2公顷
容积率			2.64	小于等于2.64
建筑密度（%）			20.50	小于等于21%
机动车停车位（个）			732	731
其中	地面		30	
	地下		702	
非机动车停车面积			1844.05	1841.40
其中	地面		220	
	地下		1624.05	

设计说明：

1. 本工程依据报批通过的规划总平面图进行施工图设计。
2. 本工程坐标系统，高程系统与地形图及周边城市道路(高新大道、南京东路)坐标系统和高程系统相一致。
3. 图中所注建筑坐标为建筑轴线交点坐标，所注室内标高为正负零绝对标高，道路广场标高为完成面绝对标高。
4. 高新大道、南京东路、及南侧东侧规划路的标高均为现状标高，取自甲方提供的地形图。
5. 图中尺寸单位除注明外均以米计。
6. 消防车道及消防登高场地可满足消防车60t的荷载要求。

总平面图 1:500

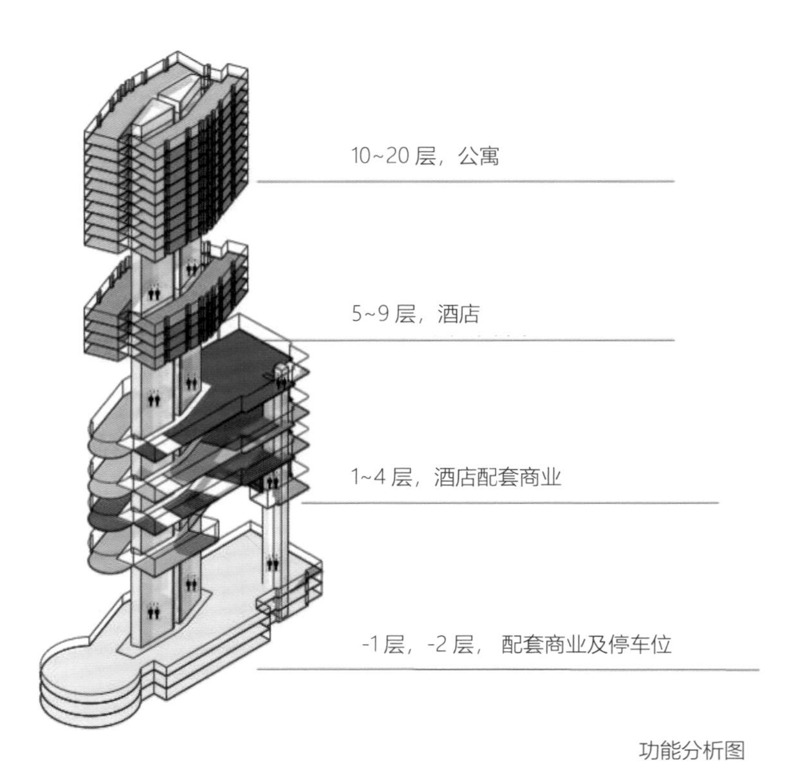

功能分析图

建筑和景观形态主要以曲线来组织，创造出流动、多变的建筑空间，突出“体验式购物”的商业理念。室内与室外空间的完美融合，与传统购物中心封闭、单一的购物环境形成鲜明对比，创造出兼具商业性、游览性和娱乐性的复合商业空间。

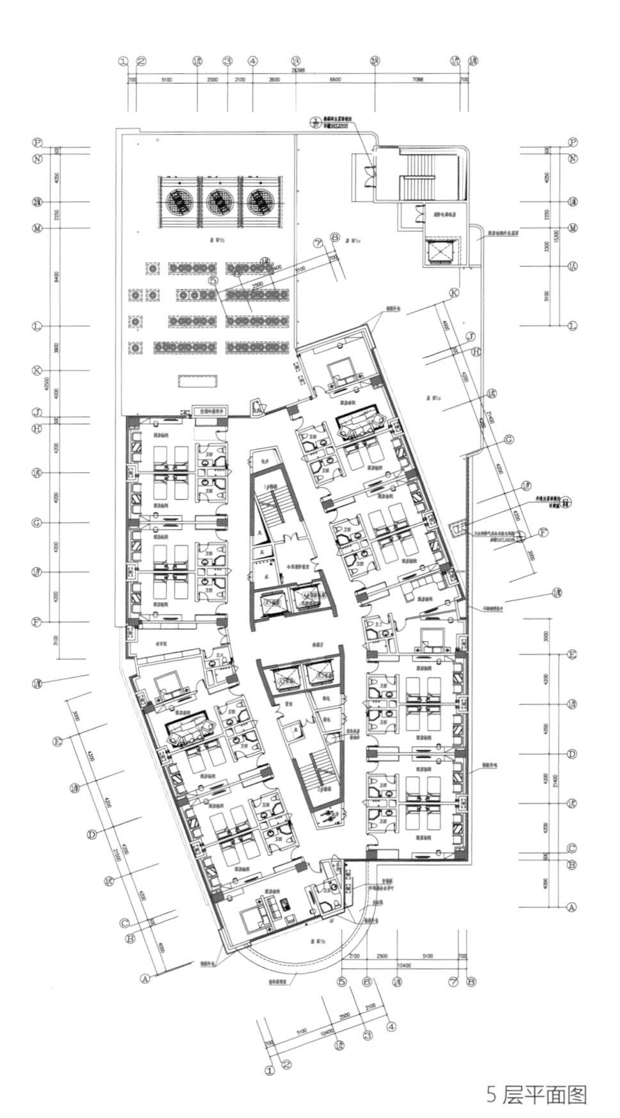
5 层平面图

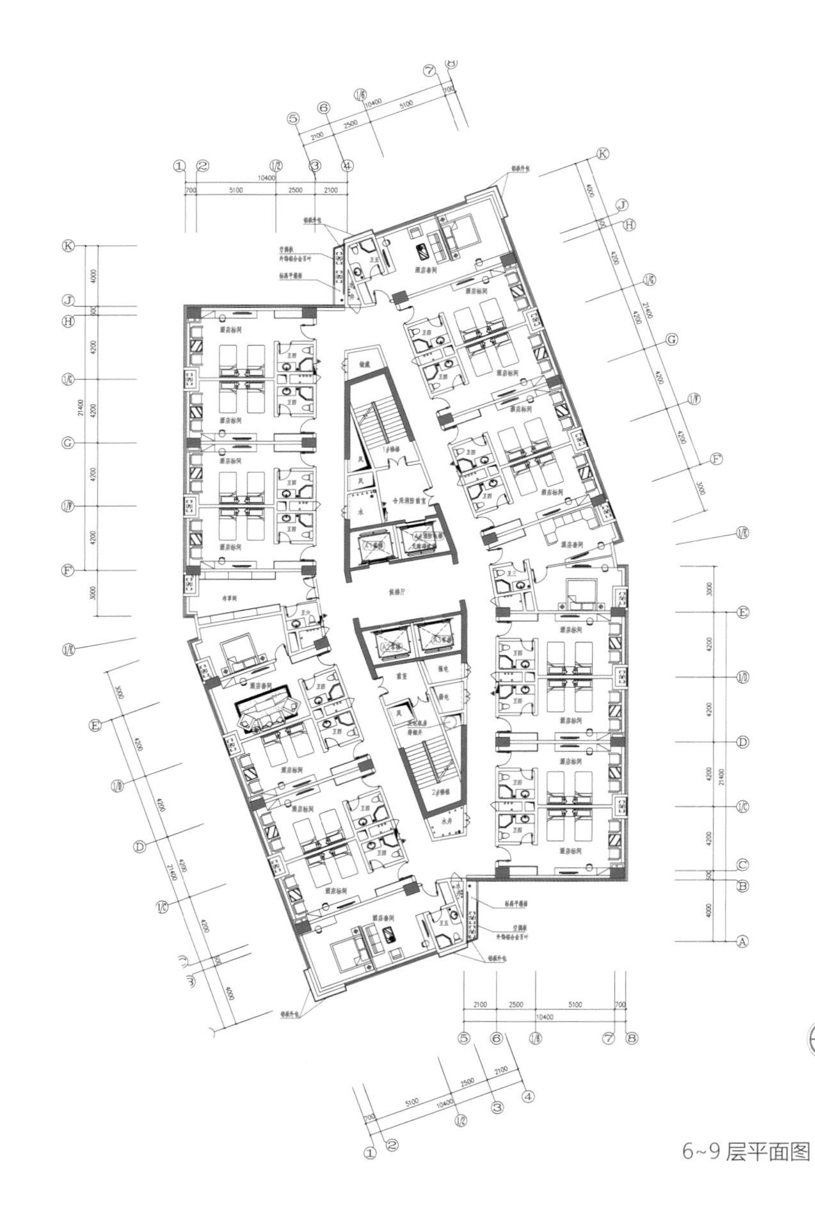
6~9 层平面图

Suzhou

China

苏州

中国

地点 Location

苏州星光

同济大学建筑设计研究院（集团）有限公司作品

高层住宅外立面以横向线条为主，既大气、沉稳，又具有现代感。公寓时尚的建筑外表皮，与塔楼和商业区相呼应，它们不仅为整个片区注入了新的活力，还提升了整体的建筑品质，形成了更为现代化的城市新面貌。

彭洋 苏州星月房地产开发有限公司 项目总经理

建筑学科班出身，从事房地产相关行业 15 年，熟悉房地产开发领域的各个环节，在建筑工程施工技术和房地产项目管理方面有着丰富的经验。

地址：江苏省苏州市
开发商：星光地产
占地面积：15224.5m²
总建筑面积：45733.5m²

建筑师：林易（上海汉行建筑设计有限公司）

项目概况

项目位于西二环路与市场路的交叉口，作为盛泽镇的形象窗口，其地理位置十分重要。项目规划方案拟沿东侧西二环路及南侧规划道路设置沿街商业，将市场路北侧相对成熟的欧尚等商业设施与南侧月星家居衔接，形成南北贯通、连续的商业界面，从而打造出沿西二环路成片的商业聚集区。同时，地块内的商业向西侧延伸，与沿河的住区和商业串联，共同形成该区域的活力中心。

基地北侧设置一栋 27 层的高层住宅，与地块西侧翡翠豪庭原有高层呼应。沿北侧市场路和城市景观带之间经过精心的设计，形成均衡的形象与优美的天际线，以此留下深刻的空间印象。此外，在市场路和西二环路十字路口，结合城市绿化打造一栋现代化公寓楼，极大地改善了街角的城市形象，在视觉上给人一种大气感和现代感。

整体设计风格秉承现代的设计理念，追求更为简洁的体块关系和更为时尚的立面设计手法。商业区的外立面强调体块的穿插和材质的组合，与南侧月星家居改造后的形象相匹配，并运用小尺度界面的变化，营造出丰富的商业氛围。

小区实现人车分流。车行主出入口位于西侧内部道路上，连接两个地下车库出入口，人行主入口结合商业区设置在东侧，这样的设计方案避免了人车拥挤事件的发生，为人们打造出安全、舒适的归家体验。同时，人行主入口的设计方案为商业区带来了更多的人流量，从而提升了该区域的商业价值。沿街商业在红线内沿西环路设置地面停车，满足商业的停车需求。

GUESS
VERSACE
LOREAL
PARIS
STARBUCKS COFFEE

TOTO
VA BENE
McDonald's

CITY GLAM

Hong Kong

China

香港

中国

Location

地点

南湾

吕元祥建筑师事务所作品

本项目为香港豪宅区的又一大师级之作。总体布局、立面分割、对山地地形的回应，以及公共空间的设置均可表现出一位经验丰富的港产设计师对豪宅设计驾轻就熟的处理方式。

陈浩 星光耀智诚建设集团总裁

先后任职于万科、保利等知名地产公司，熟悉房地产项目的开发流程和业务管理。对项目系统管理、市场开发、客户维系等方面具备良好的经营理念，具备管理多个开发项目、旧城改造的能力。

客户：新鸿基地产发展有限公司、嘉里建设有限公司、百利保控股有限公司
占地面积：16 770m²
建筑面积：84 850m²

建筑师：吕庆耀

项目概况

为南湾 Larvotto 项目设计优质豪华公寓是吕元祥建筑师事务所面临的一大挑战。项目位于香港岛鸭脷洲，背靠玉桂山，原为工业用地，前方建有一列船厂，然而，在九幢公寓大楼建成后，随即改变了大众对该处的看法，并为香港高端公寓的定位创造了新标准。

设计说明

九幢 25~29 层高的公寓大楼，沿海岸线呈线性排列，俯瞰香港仔避风塘及至海洋公园一带宜人的景色，在九幢建筑物中均可饱览醉人的海景。另外，建筑师亦以创新的手法，采用商业大厦中常见的密封式玻璃幕墙设计，降低了船厂对公寓造成的噪声影响；而向山一面则以阳台为主，将玉桂山景尽收眼底，让大部分住户坐拥双面景观。塔楼之下为五层高的裙楼平台，设有大型会所及停车场，私人通道让住客直达一楼，远眺船厂外的景色。

寓所的面积及品质级数由北至南递升，由 55.74 m² 一室公寓单元，到 232.26m² 的公寓单元及 362.32 m² 的高层复式单元。南边两幢主楼朝向南方，以获取离岛和中国南海壮丽的海景。建筑师于两座主楼底下特别设计了大型的豪华会所和独特的转换层。

优越的居住质量固然重要，但建筑群对四周环境的影响亦是其中一个重要的设计考虑因素。因此，九幢公寓大楼都采用了低反射玻璃，将反射光对香港仔避风塘的影响降至最低。三组大楼的中层位置亦加设了空中花园，使楼群中层位置拥有较好的景观效果，为建筑设计增添了几分轻盈感。

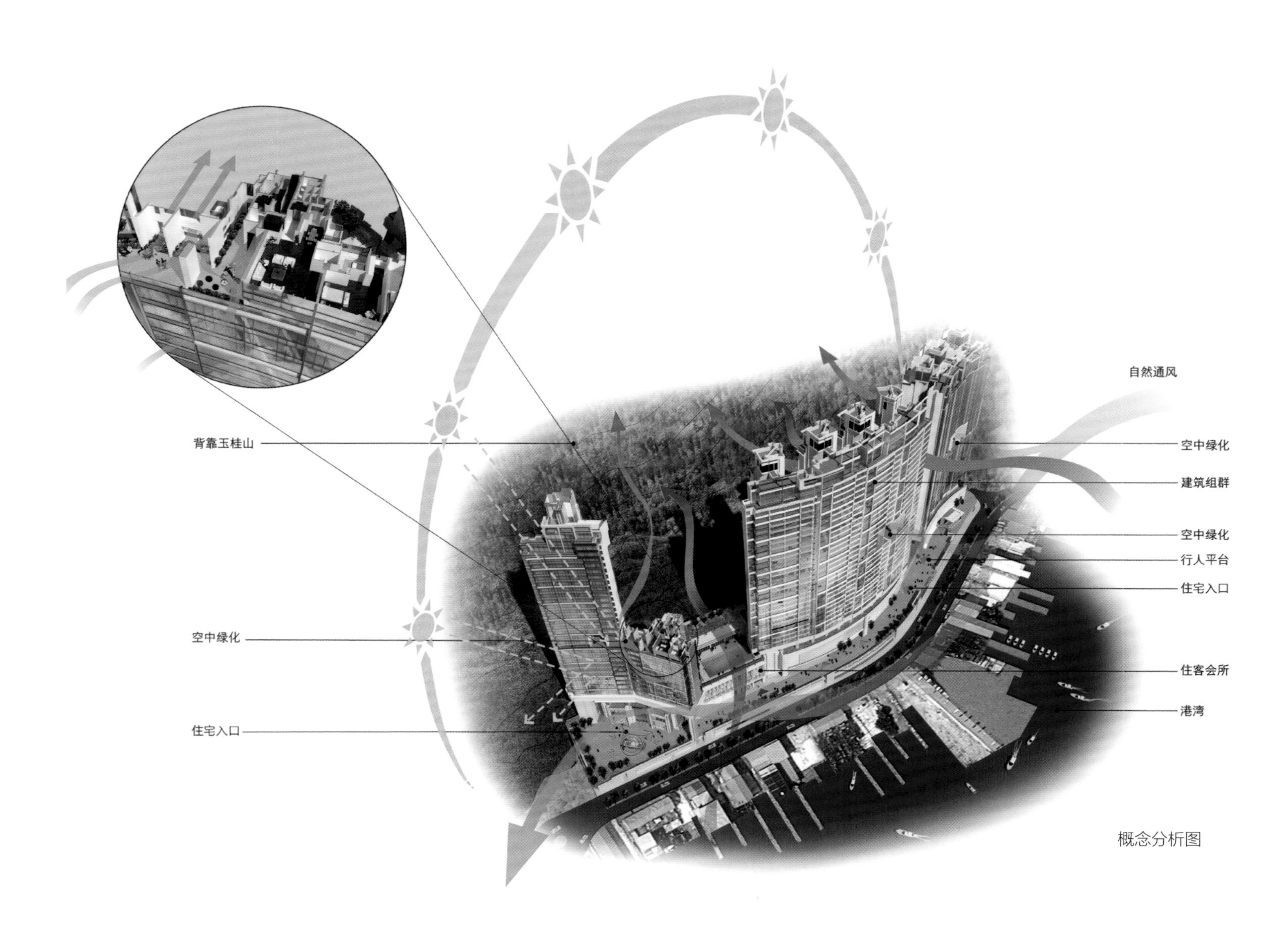
自然通风
背靠玉桂山
空中绿化
建筑组群
空中绿化
行人平台
住宅入口
空中绿化
住客会所
住宅入口
港湾

概念分析图

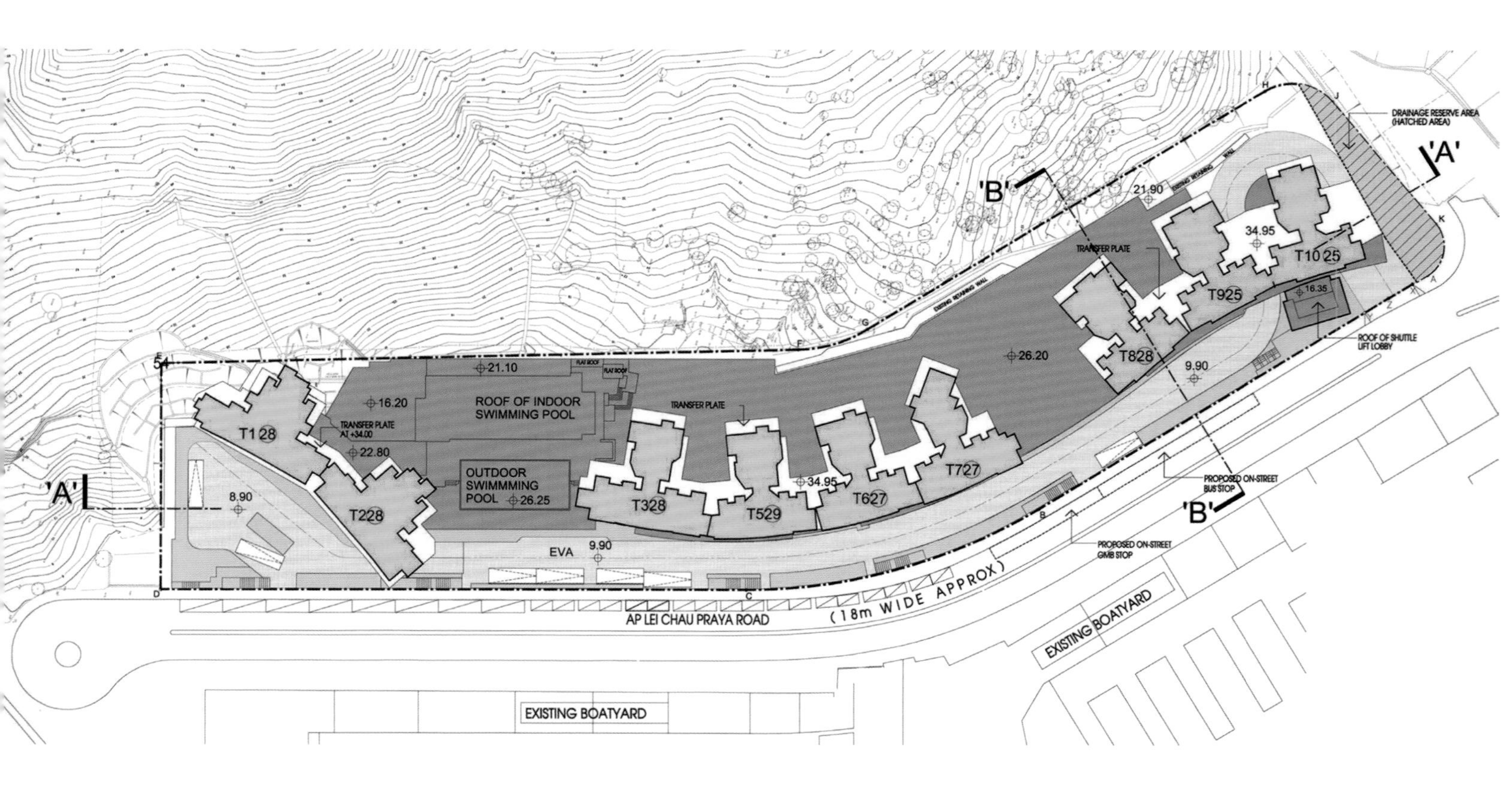
DRAINAGE RESERVE AREA
(HATCHED AREA)
'A'
'B'
21.90
34.95
TRANSFER PLATE
T10 25
T925
16.35
ROOF OF SHUTTLE
LIFT LOBBY
T828
9.90
26.20
21.10
16.20
ROOF OF INDOOR
SWIMMING POOL
TRANSFER PLATE
T128
TRANSFER PLATE
AT +34.00
22.80
OUTDOOR
SWIMMMING
POOL 26.25
T328
34.95
T529
T627
T727
PROPOSED ON-STREET
BUS STOP
'B'
'A'
8.90
T228
EVA
9.90
PROPOSED ON-STREET
GMB STOP
AP LEI CHAU PRAYA ROAD
(18m WIDE APPROX)
EXISTING BOATYARD
EXISTING BOATYARD

总规划图

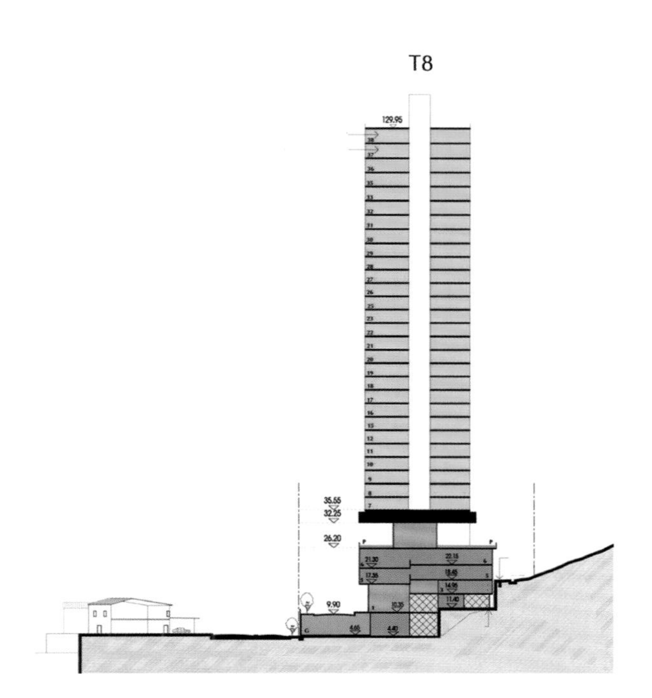

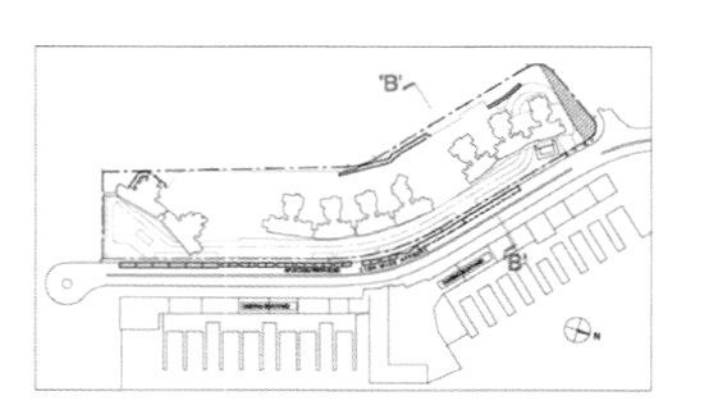

剖面图 B-B

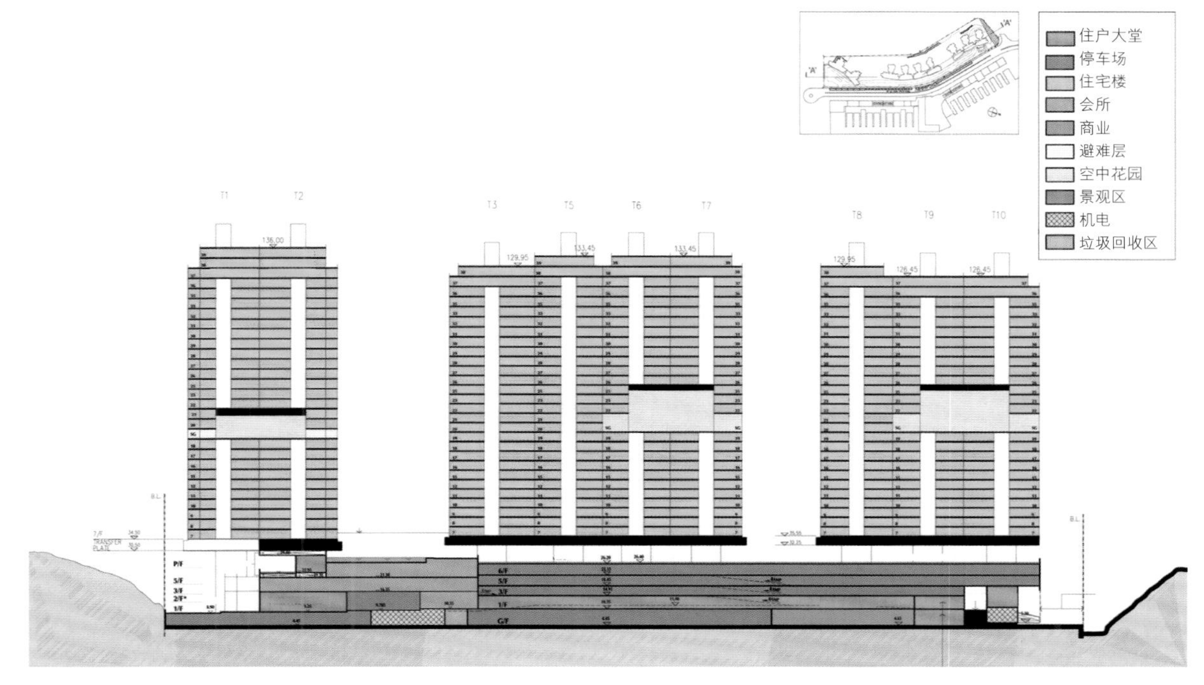

剖面图 A-A

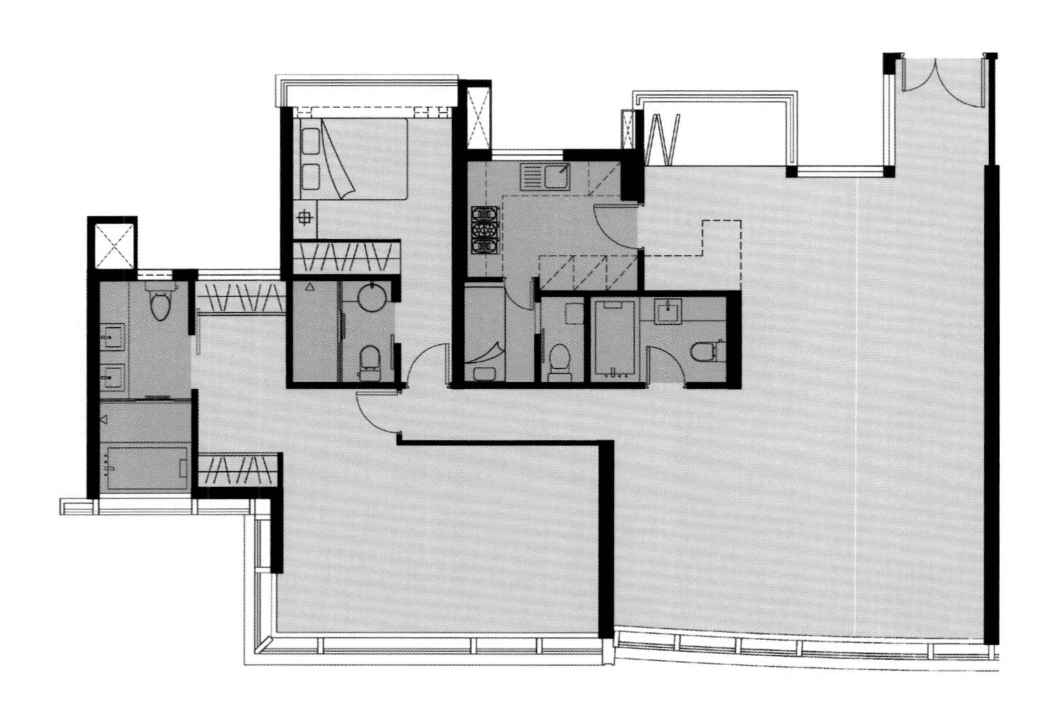

楼层平面图

New York
USA

纽约
美国

Location
地点

纽约 One 57 大厦

克里斯蒂安·德·
波特赞姆巴克
作品

塔头体量切分使整体建筑显现出一种纤细的体态，弧形的顶部处理、充满流动感的立面和拥有不同色调的楼体成为纽约 One 57 大厦独特的识别标志。

张翅翔 武汉东艺建筑设计有限公司 总经理兼总建筑师

国家一级注册建筑师、注册城乡规划师、高级建筑师 、武汉市规划系统方案评审专家库专家、湖北交投系统（地产开发）专家库专家。思维敏捷、想法独到，主持设计的项目多次荣获优秀设计大奖。

项目概况

2005 年，Extell 地产开发公司董事长盖瑞 · 巴内特（Gary Barnett）委任建筑师克里斯蒂安 · 德 · 波特赞姆巴克（Christian de Portzamparc）设计纽约第 57 大道上的几座大楼。早在设计之初，克里斯蒂安就提出设计规划，即宛如划破天空的建筑腾空而起，塔楼的最高点要朝向中央公园广袤的天空。虽然 Extell 地产开发公司很快就收到了一系列地块收购方案，但却迟迟没有进入施工阶段。设计方案历经了长达 4 年的论证。2007 年 10 月，建筑师从建筑的位置配套、体量以及高度（近乎 400 m）方面对模型进行了上百次研究。直到 2009 年才最终进入施工阶段。此时正值 2008 年的金融危机，盖瑞 · 巴内特并没有放弃施工计划，而是迅速地重新启动了该项目。

设计说明

根据以往的项目经验，建筑师迅速提出了在金融危机时期建造纽约最高公寓楼的最终解决方案。项目用地极其不规整，建成后的公寓楼成为综合体（当中建有柏悦酒店）的一部分。在塔楼的较高楼层是精致的公寓，在公寓里可以俯瞰整个中央公园。整个室内设计由 Thomas Juul-Hansen 负责，该项目的各方面都得到了应有的重视。

室内设计：Thomas Juul-Hansen
客户：Extell 地产开发公司
项目面积：74 353 m²

建筑师：克里斯蒂安·德·波特赞姆巴克

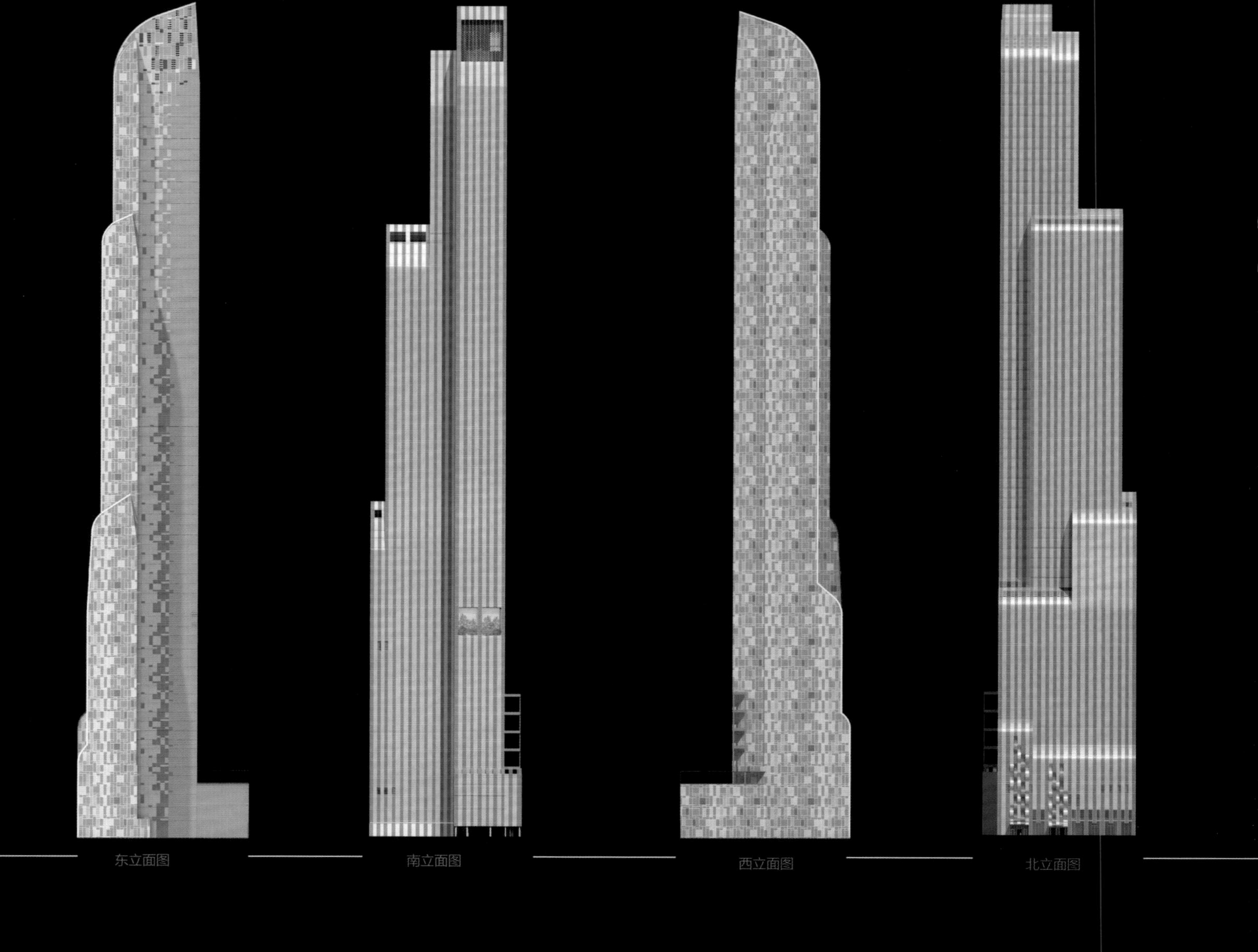

东立面图　南立面图　西立面图　北立面图

88 层平面图

发起人最终选定的地块为“L”形。建筑师将这种复杂性作为设计的主要推动力。

最终的设计方案满足了塔楼纤细造型的结构要求、城市布局规则以及该项目用地的高空使用权。建筑楼层之间采用上下连级结构进行连接，形成弧形过渡表面，内设露台。

竖向条形玻璃幕墙采用两种不同的玻璃材质，颜色深浅不一，形成鲜明的对比，这让北外立面别具一格。同时，该设计形式还映衬出纽约多层阶梯式天际线。大厦的东、西外立面彰显出类似 Le Monde 和 Nantes 项目的即兴美感，古斯塔夫克林姆特（1862—1918 年，奥地利知名象征主义画家）式的实体动画随着不断变化的光线开始舞动，这一切都使其与北外立面形成鲜明的对比。

ESSEX
HOUSE

ESSEX
HOUSE

Singapore

新加坡

Location

地点

雅茂园

UNStudio
作品

该项目是在热带城市打造“花园公寓”范式的一个成功案例。连续的外墙面围合出一系列双高露台空间、大面积飘窗、全景起居室等丰富空间。整个建筑在 7 层以下则被巨大的立柱高高托起以留出丰富的公共空间。整体设计很好地体现出“ 生活在景观里”的核心理念。

周巍　武汉东艺建筑设计有限公司方案设计中心 总监

一级注册建筑师、注册城市规划师，武汉市建设科学技术专家，对商业项目有独到见解。长期服务于新城、朗诗、花样年等一线地产开发企业，屡获业主好评，主持设计的项目多次荣获优秀设计大奖。

建筑设计：Architects A 61 Singapore
客户：Pontiac Land Group
公寓单元：58 套奢华四室公寓（每一个单元为 296m²）
楼层：36 层
占地面积：5 595 m²
建筑面积：15 666 m²
停车场面积：4 400 m²
图片：Iwan Baan & Pontiac Land Group

项目概况

近年来，亚洲高层公寓楼历经了巨大的变革。如今点缀多数亚洲城市天际线的不再只有如法炮制的高层公寓楼，还有新一代量身打造的高层公寓楼。它们的造型不仅出众而且极具观赏性。与此同时，它们还提供了舒适的居住空间、赏心悦目的屋顶花园等一系列便民福利生活设施。

设计说明

位于新加坡雅茂园 7 号的公寓楼就是在这种设计理念下孕育出来的新型公寓楼。雅茂园处于中心地段，毗邻乌节路购物天堂，不仅坐拥新加坡一望无垠的天堂式美景，也被东西两侧巨大的绿化区紧紧地簇拥着。

为了契合新加坡这座花园城市本身所拥有的自然美景，这座占地面积 17 178 m² 的公寓楼，其主要设计理念为多层建筑，共设有 36 层。这种设计理念融入了景观概念，具体从四大设计手法来体现：外立面的过渡，通过细节处理创造了各种各样的肌理与图形；大面积的落地窗、飘窗和双层挑高的阳台设计可将整座城市的景致尽收眼底；对于双公寓式设计，采用了内部“公寓景观”的设计理念；设计开放式构架以拉高建筑结构，进而引入首层花园空间，实现景观的穿透性和连续性。

雅茂园的外立面源自微观设计，集合了各类结构元素，比如将飘窗和阳台连成一条连贯的线条。四层重复一次的肌理和弧线形玻璃的运用创造了建筑边角的无柱空间。从视觉上看，仿佛将室内空间和户外阳台合并在了一起。交织的线条和墙面环绕着整栋公寓楼，将遮阳板完美地连为一体，同时保证了将公寓楼的内部品质和建筑外观合二为一。

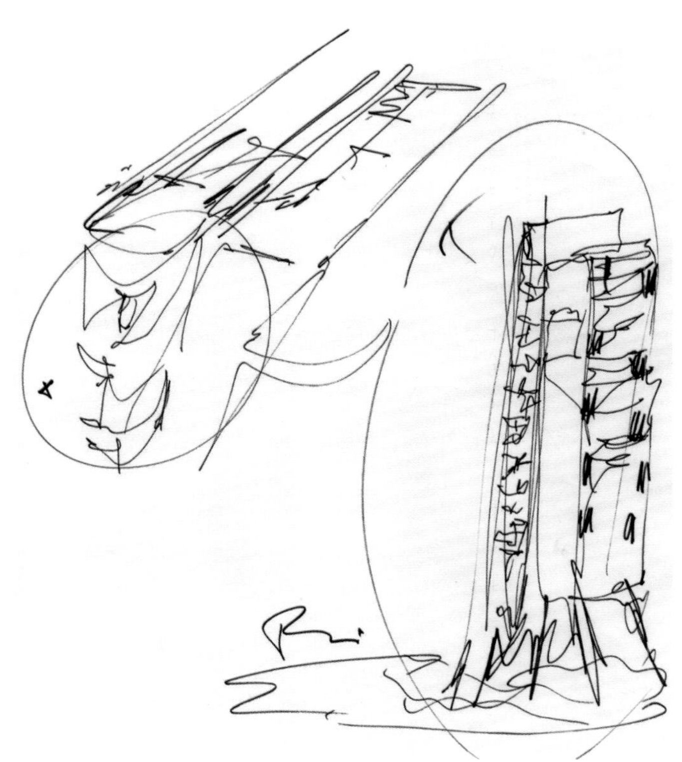

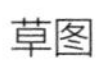

草图

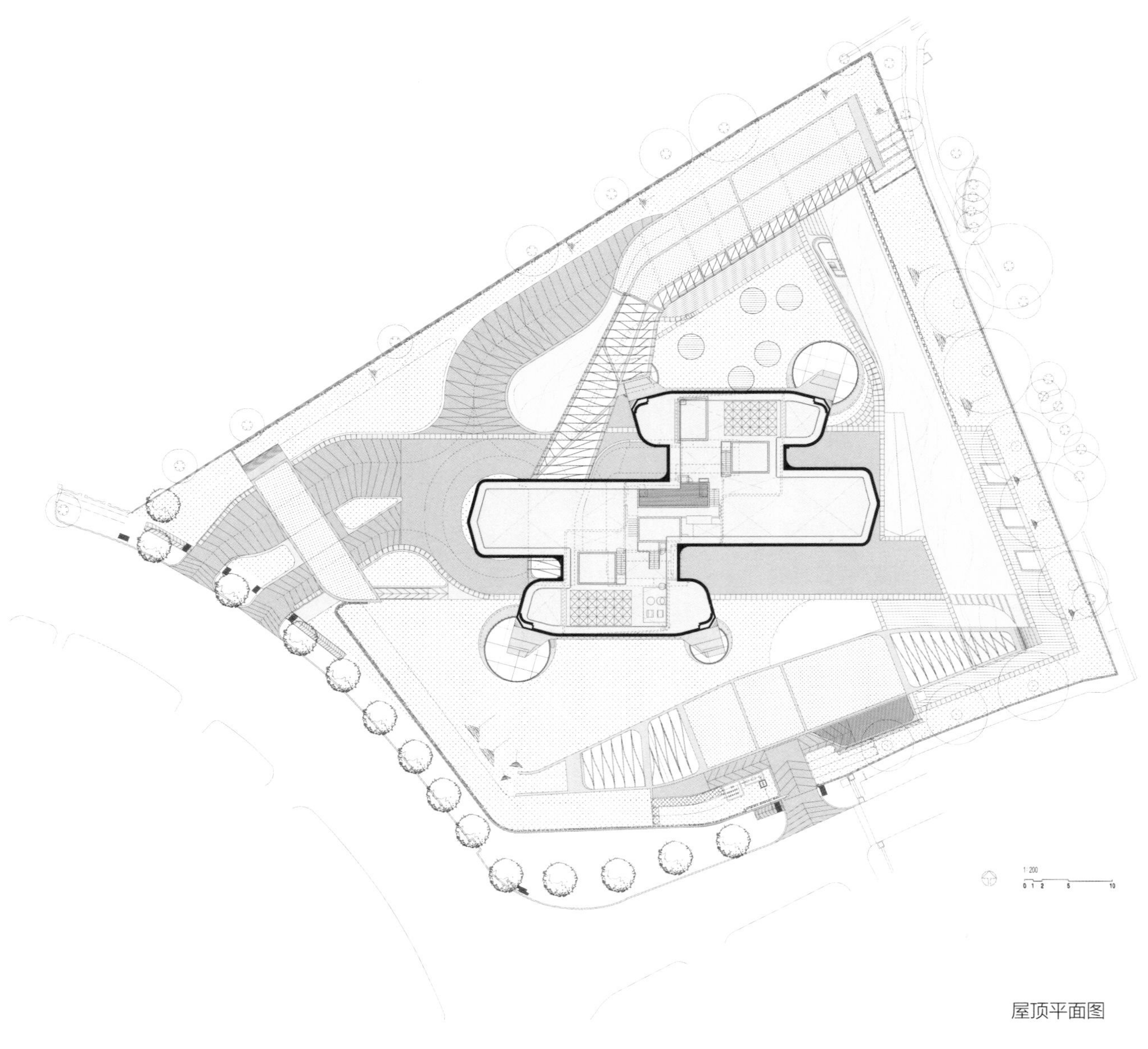

屋顶平面图

雅茂园的公寓楼体现了“公寓景观”的设计理念。将实用空间重新定义，同时将其融入公寓景观理念，为住户实现楼宅功能多样化。所有公寓楼室内均设有超大窗户和双层通高的阳台，为住户提供了室内外皆宜人的生活体验。本·范·伯克尔评价道：“雅茂园凸显的肌理外观与各公寓的布置配合得天衣无缝，保证了公寓空间充足的采光与俯瞰整个城市的视野。外立面的设计更深刻地诠释了该建筑在该街区布局中所扮演的独特角色。这种分层式曲线使建筑造型脱颖而出，展现了多样的曲线轮廓与视角。”

因为雅茂园从第 8 层开始是公寓，所以在公寓楼底部引入了开放式构架。这不仅完全实现了首层花园空间的穿透性和连续性，同时还将住户共享的便民福利生活设施完美地整合在一起。

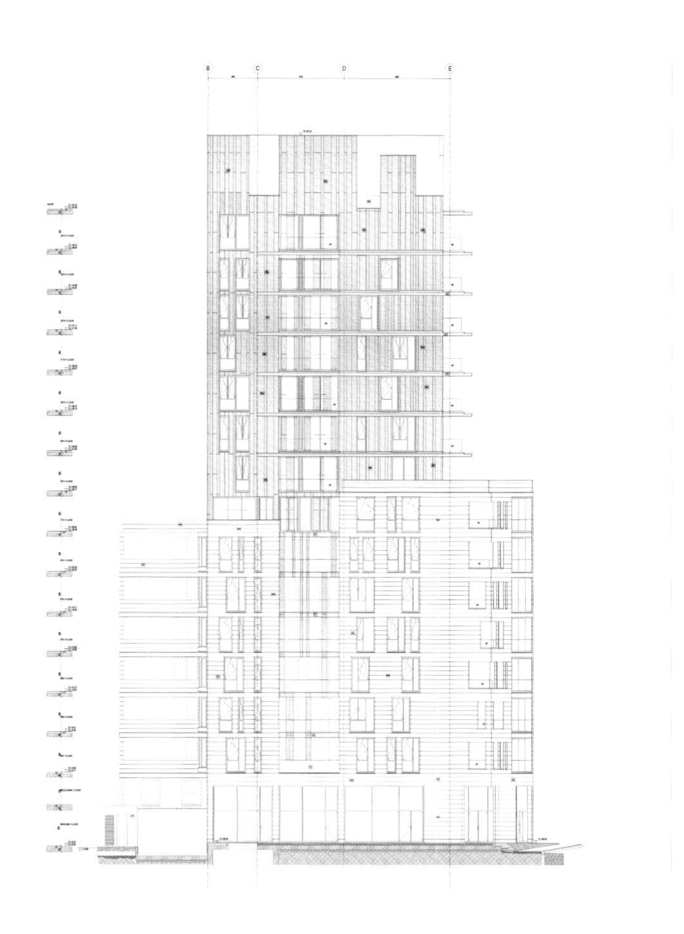

南立面图

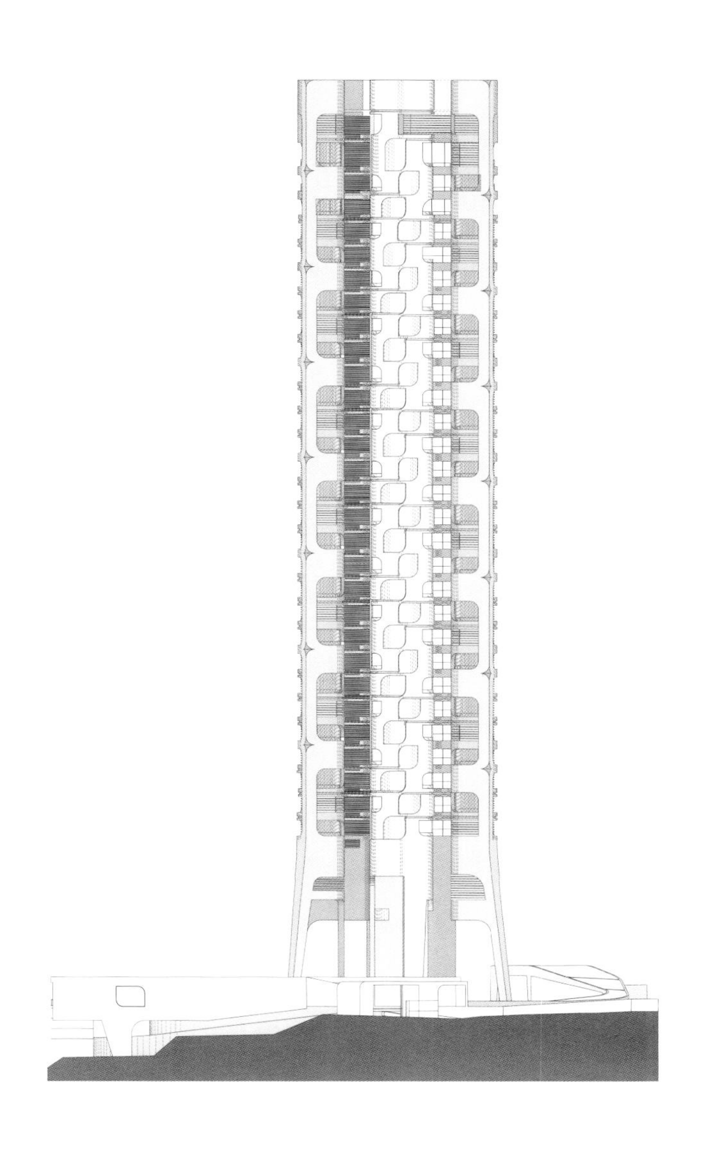

西立面图

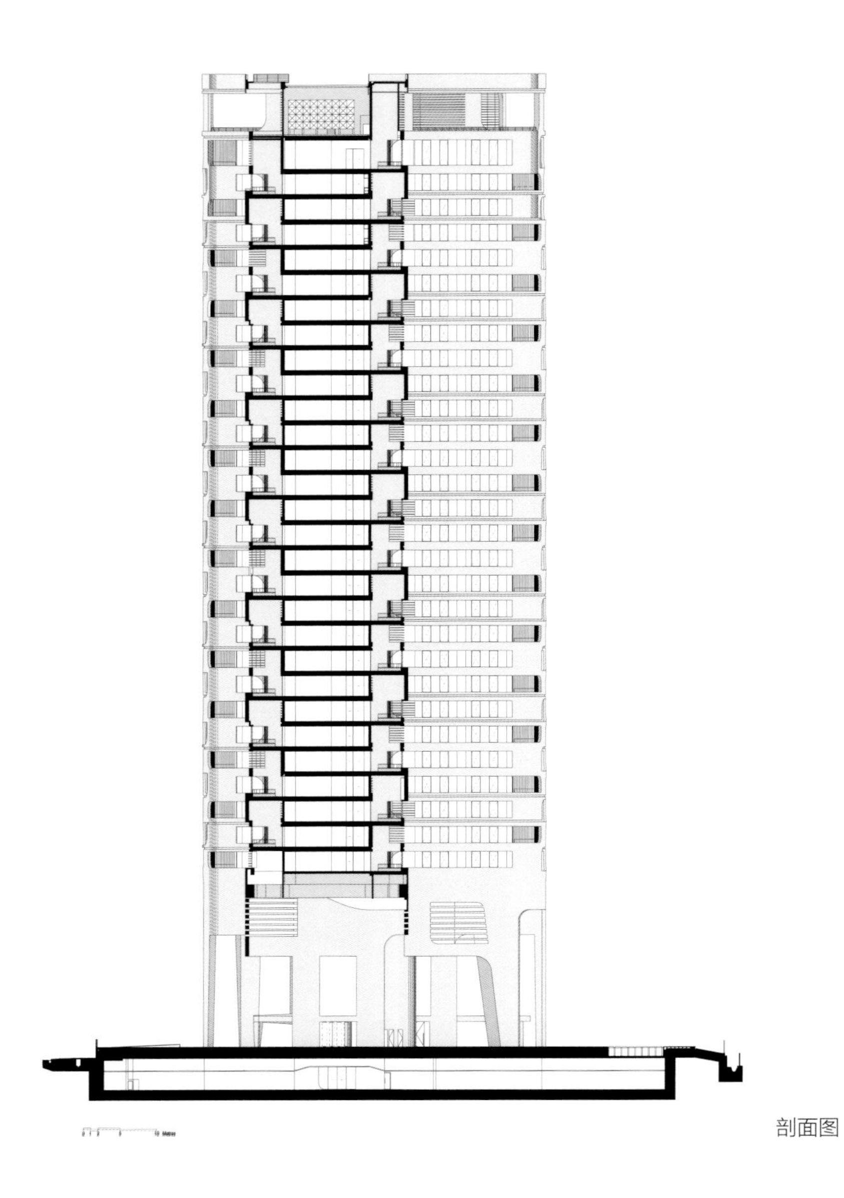

剖面图

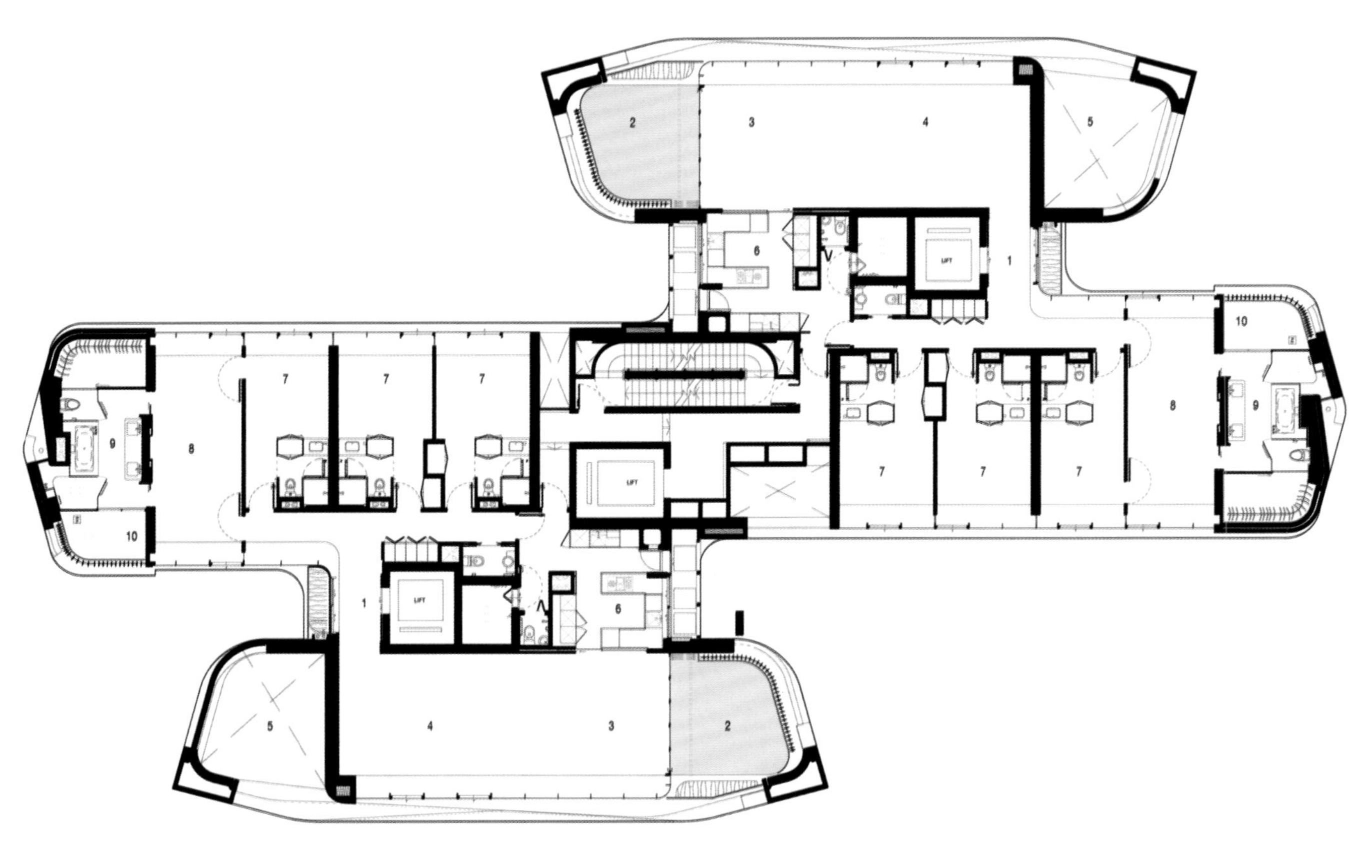

8 层平面图

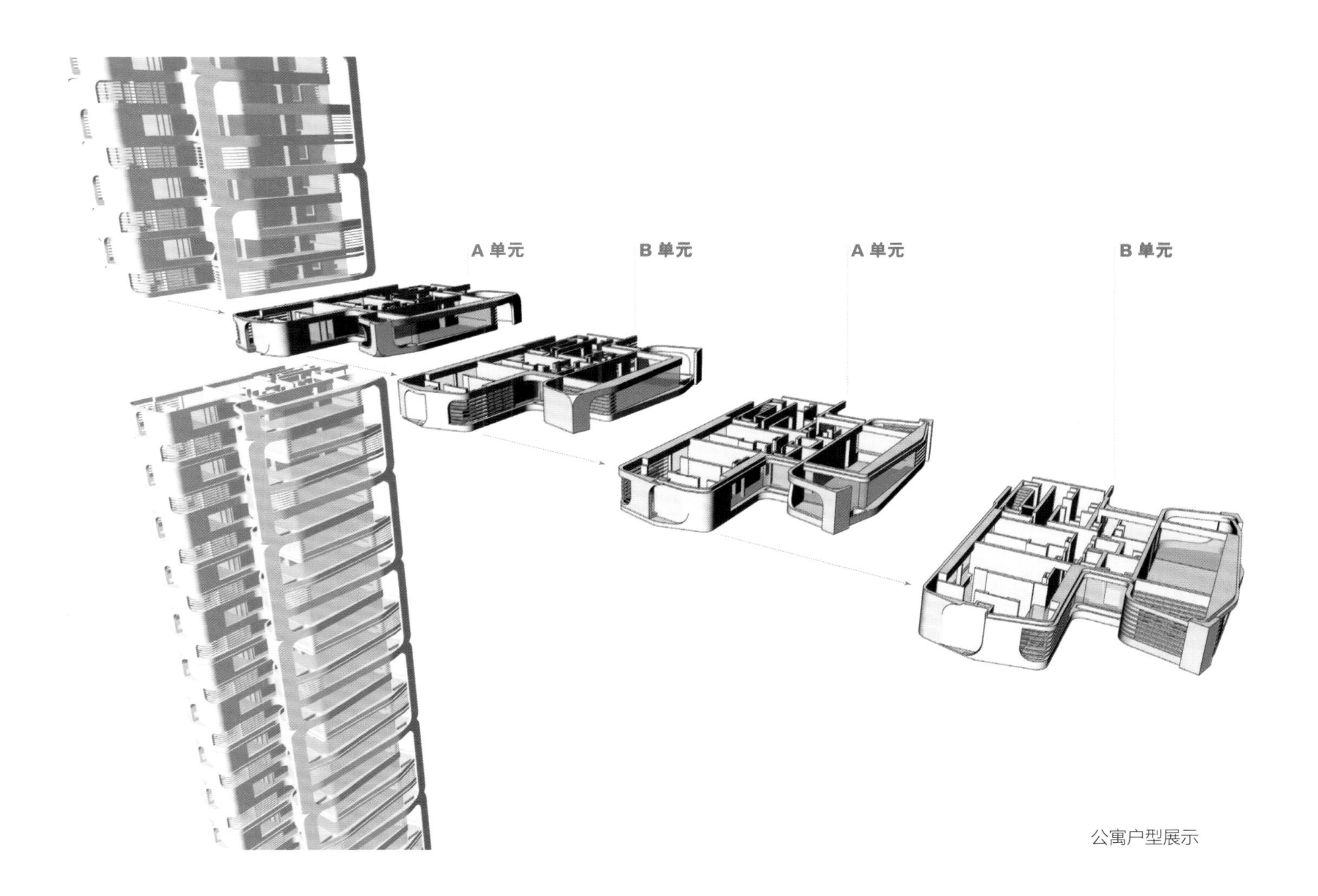

公寓户型展示

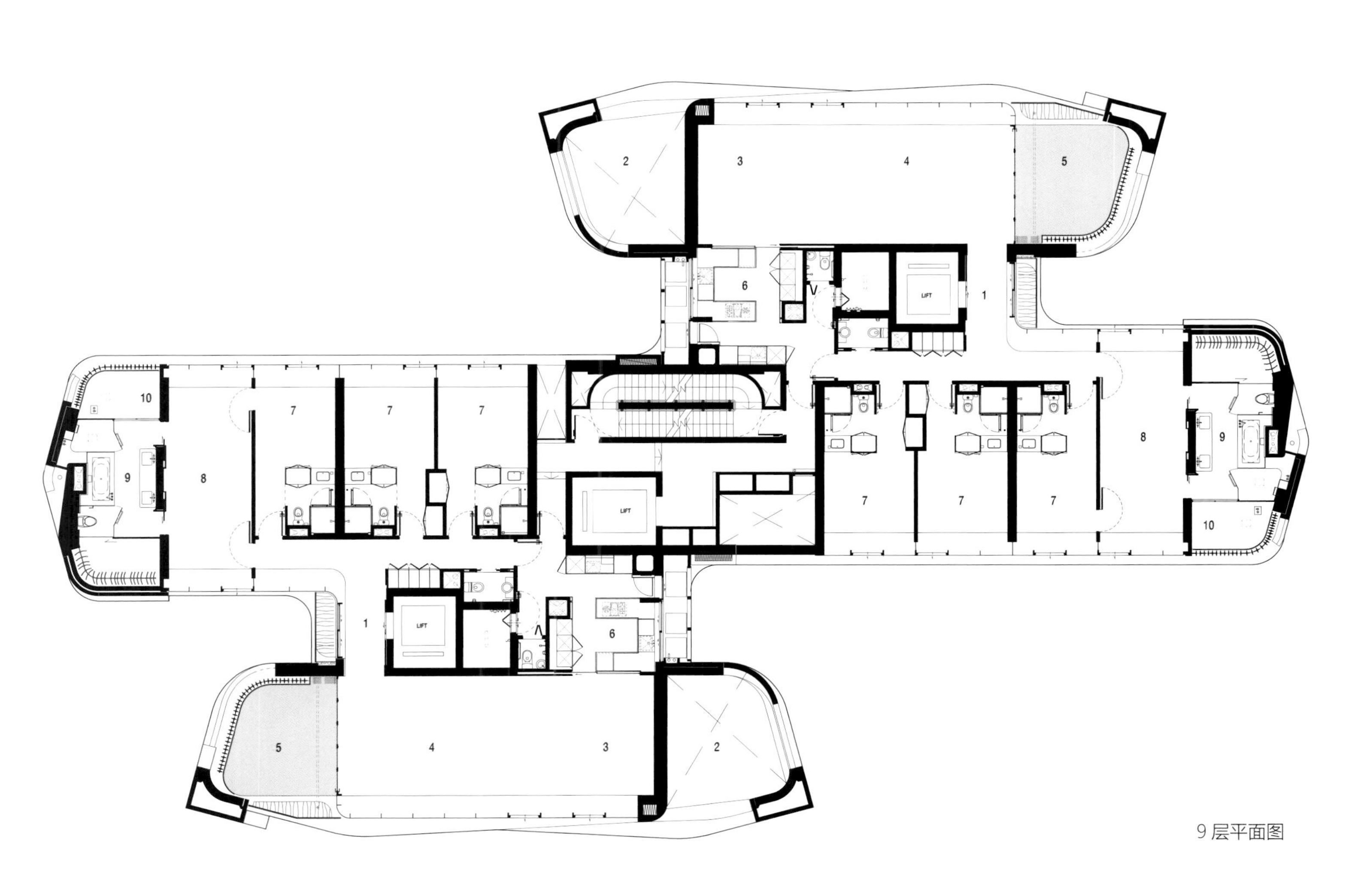

9 层平面图

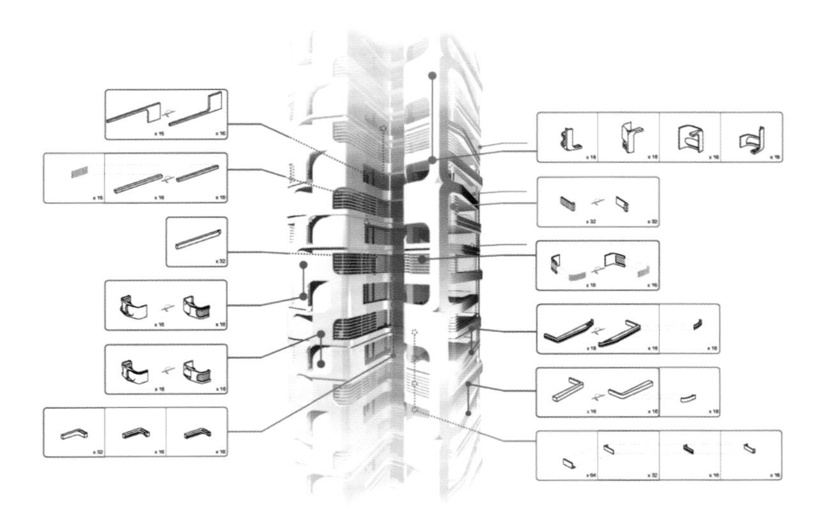

重复构件图示

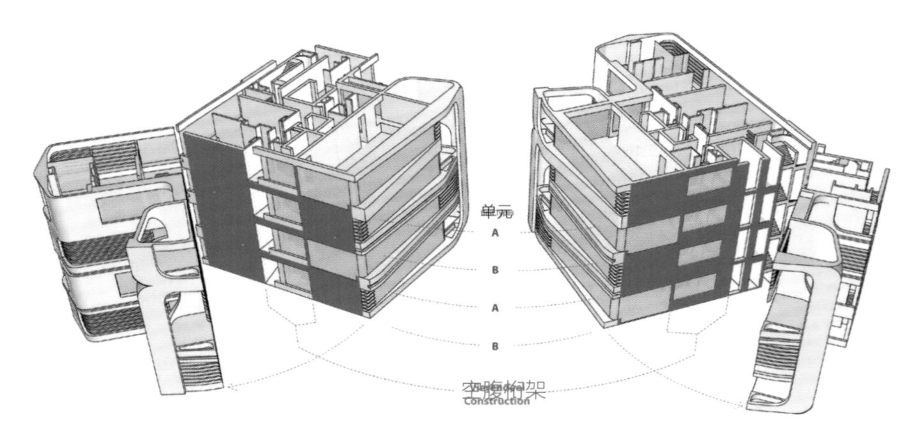

空腹桁架剖面图

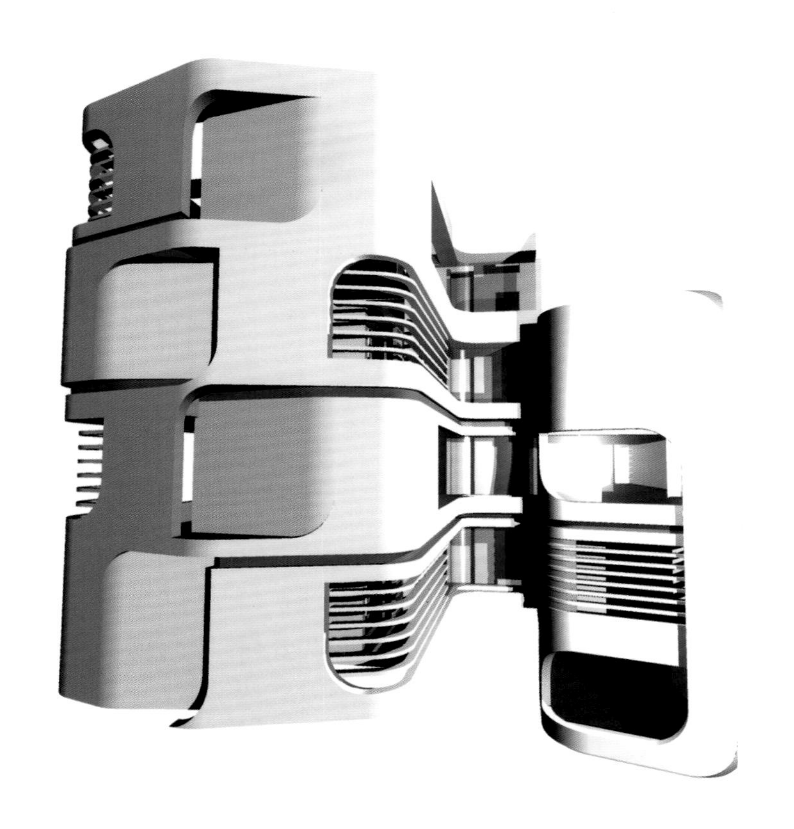

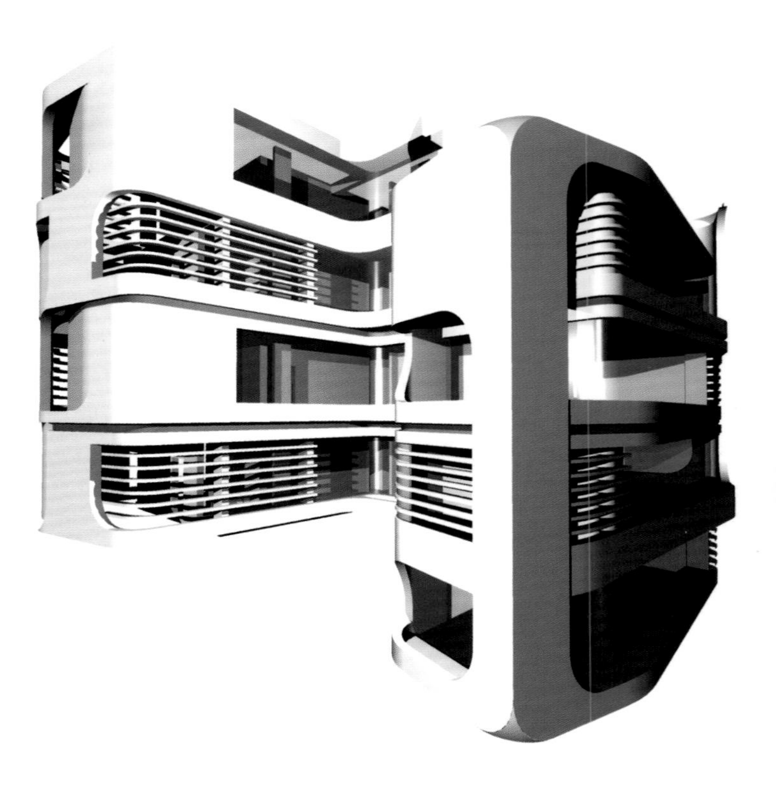

双层挑高空间 3D 图

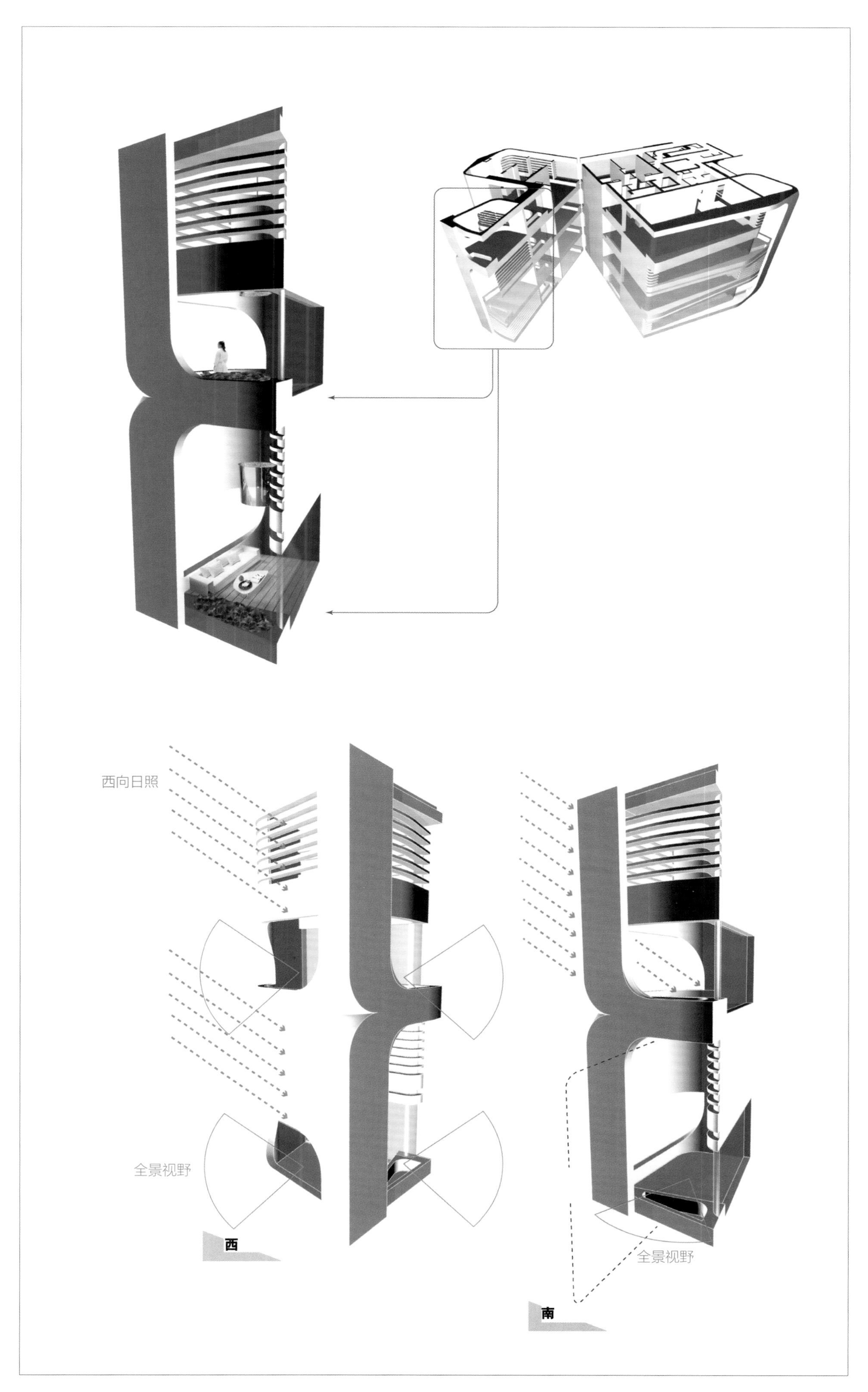

双层挑高空间图示

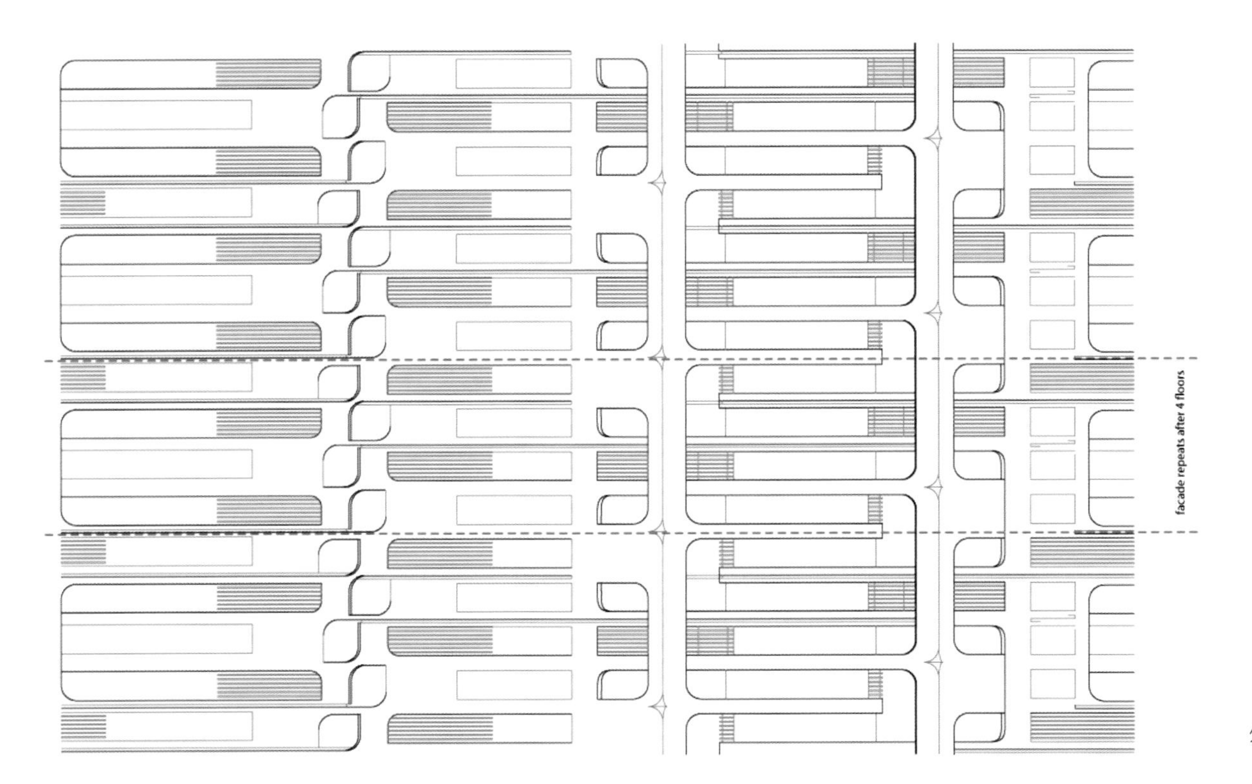

外立面展开图

立面图

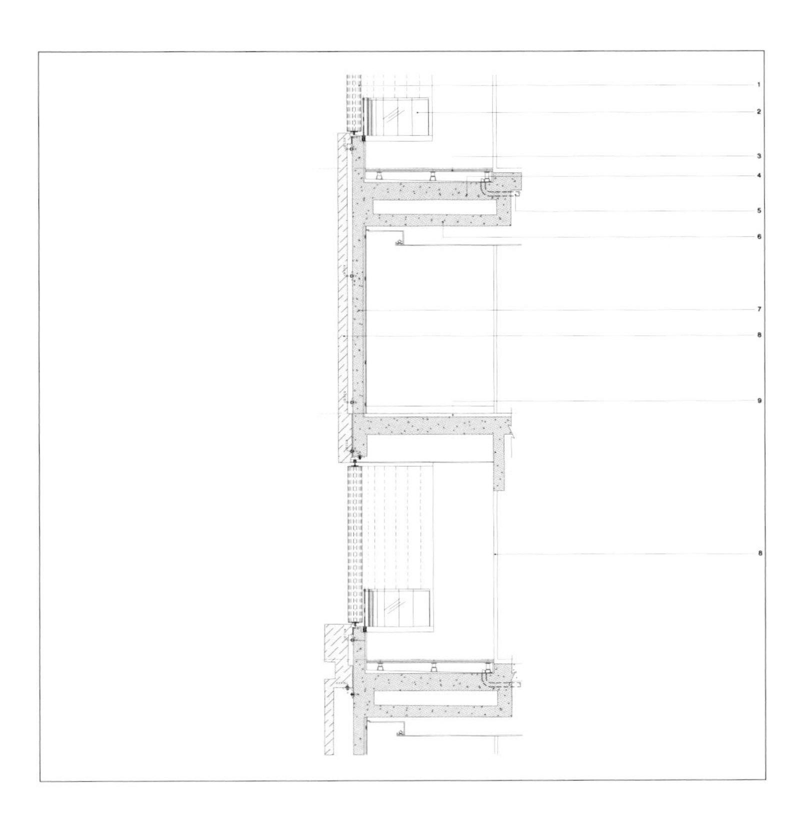

户外淋浴室节点图

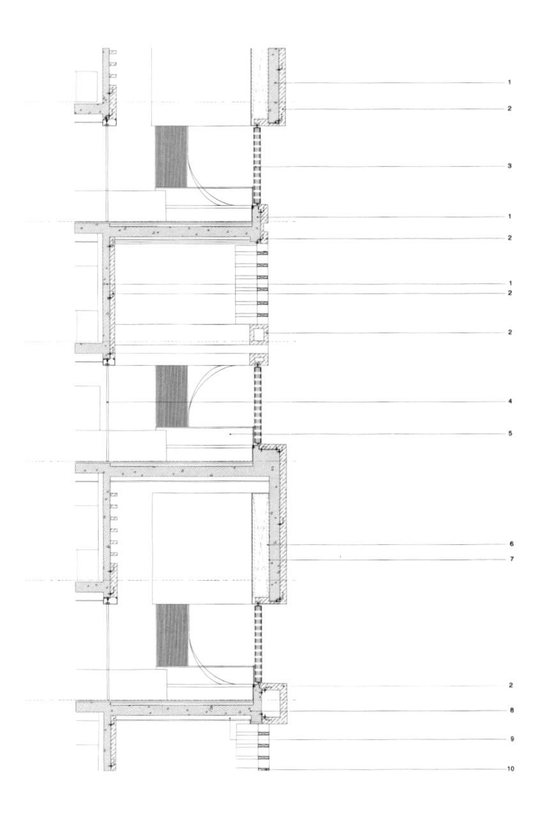

阳台细节图

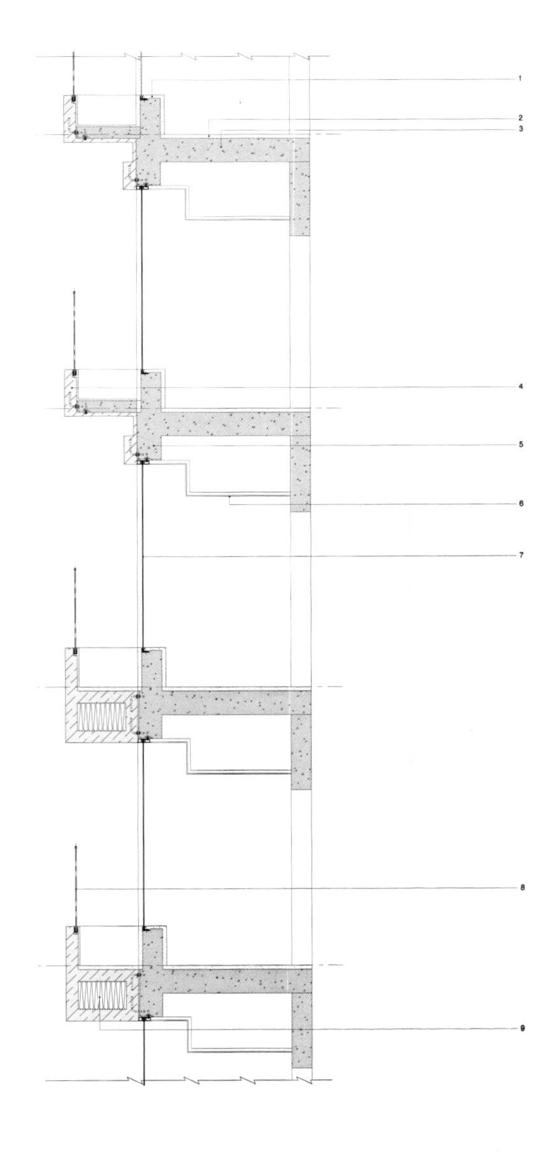

花槽细节图

ARDMORE

Busan

Korea

釜山

韩国

Location

地点

海云台佑洞现代 I' PARK 城

丹尼尔・里伯斯金工作室
作品

专家解读公寓设计趋势

擅长操作各种形式游戏的里伯斯金大师在这个公寓项目中摒弃了以往的繁复造型，而重复采用了简洁的帆形屋顶元素和简单的曲形立面。一方面获得功能上的平衡，另一方面这种简单的形式在经过整个项目的高度和尺度的放大效应后在其所处的城市中彰显出强烈的地标性。

项目概况

海云台佑洞项目坐落在韩国釜山的海滨，占地 418 064m²，它包括三栋公寓塔楼，一栋 34 层高的宾馆，一栋办公塔楼和一栋 3 层的商场。

设计说明

雕塑般的六栋楼表现了海洋的独特魅力和力量。建筑的几何曲线表达了传统的韩国建筑设计理念，这些设计理念通常源于自然之美，例如美丽的海浪、结构独特的花瓣、张满的风帆，等等。已完工的项目里有亚洲最高的公寓楼。

海云台佑洞小区雕塑般的外形为釜山市创建了一个全新的形象。建筑群散发着一种混合使用公寓所特有的充满活力的气息。建筑空间意在为其居民提高生活品质。组合的雕塑形体俯视着釜山市，其所创建的标志性整体形象远远超出它的每座单体之和。

海云台佑洞项目为釜山的城市文脉提供了许多令人振奋的新视角。小区发展成美丽而多元的、有着内外街景的空间实体。公寓占据了有着最大海景视角的位置，这里可饱览码头、山岳、光安桥和釜山市的风景。为了提升项目的标志性形象，海云台佑洞创造了自己特有的天际线，并作为一个整体给城市添加了印迹。不同于一味地压缩建筑基础用地，塔楼顶部灵活多变的锥形在地平线上创立了如雕塑一样的建筑综合体。

这个项目在釜山市树立起标志性形象，使小区内的地块利用率尽可能达到最高。

破晓中的建筑呈现出纤细优美的天际轮廓。多样化雕刻般的外形使建筑间形成了令人振奋的空间，吸引着居民和游客来享受独特的户外体验。

当地建筑设计：Kunwon、Heerim 建筑设计公司
景观设计：Ctopos
客户：现代发展公司
项目地点：韩国釜山
建筑面积：1 371 600 m²
图片来源：丹尼尔·里伯斯金工作室、现代发展公司

草图

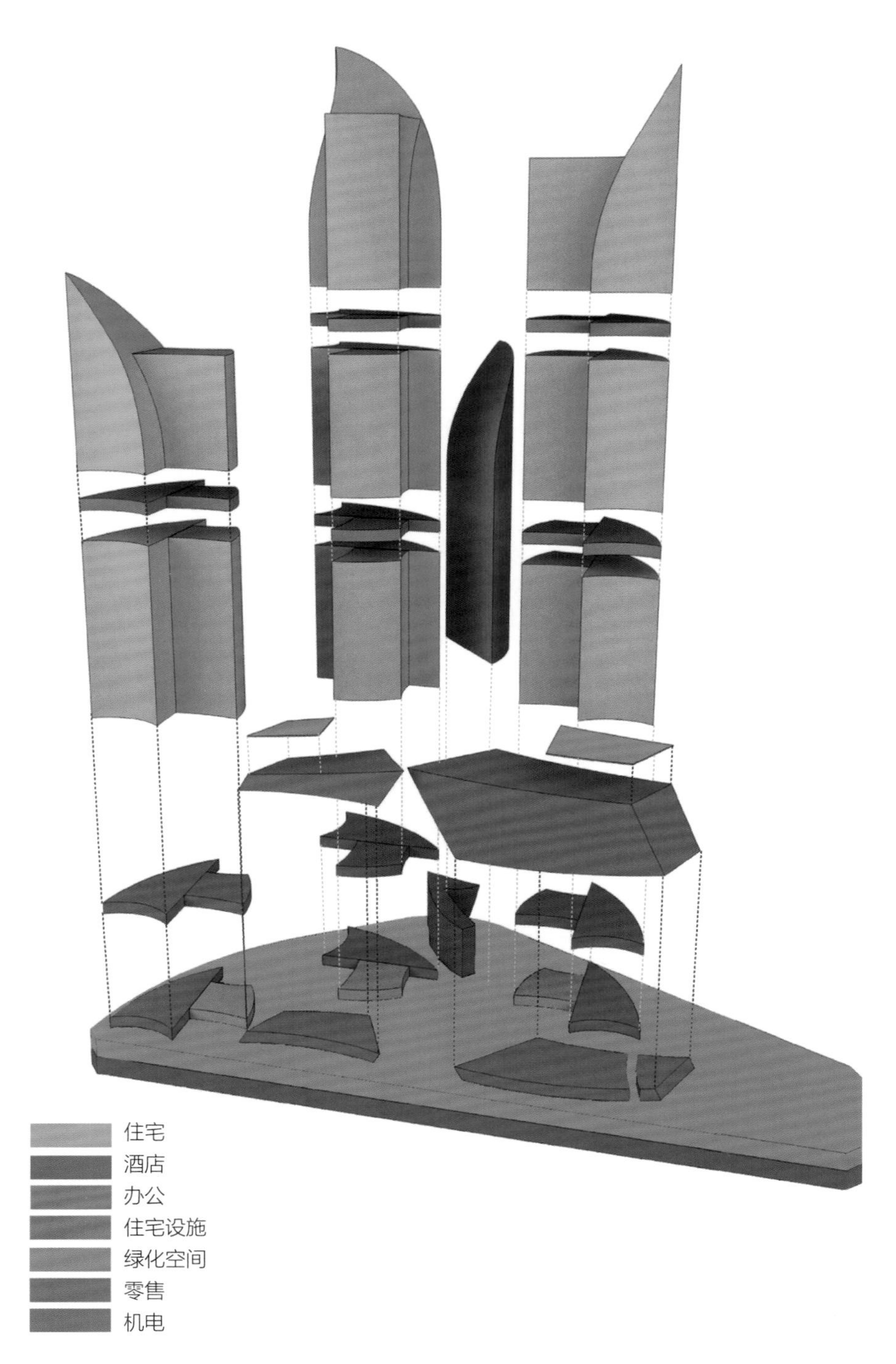

项目体量图示

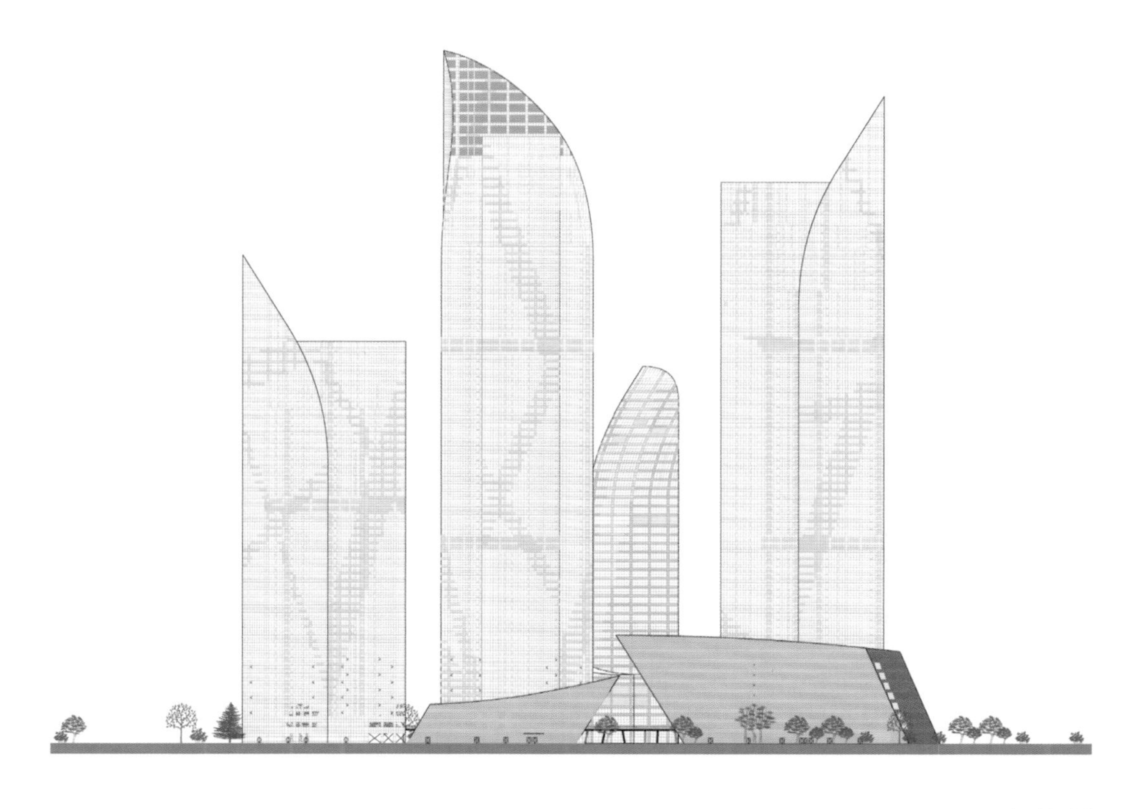

东立面图

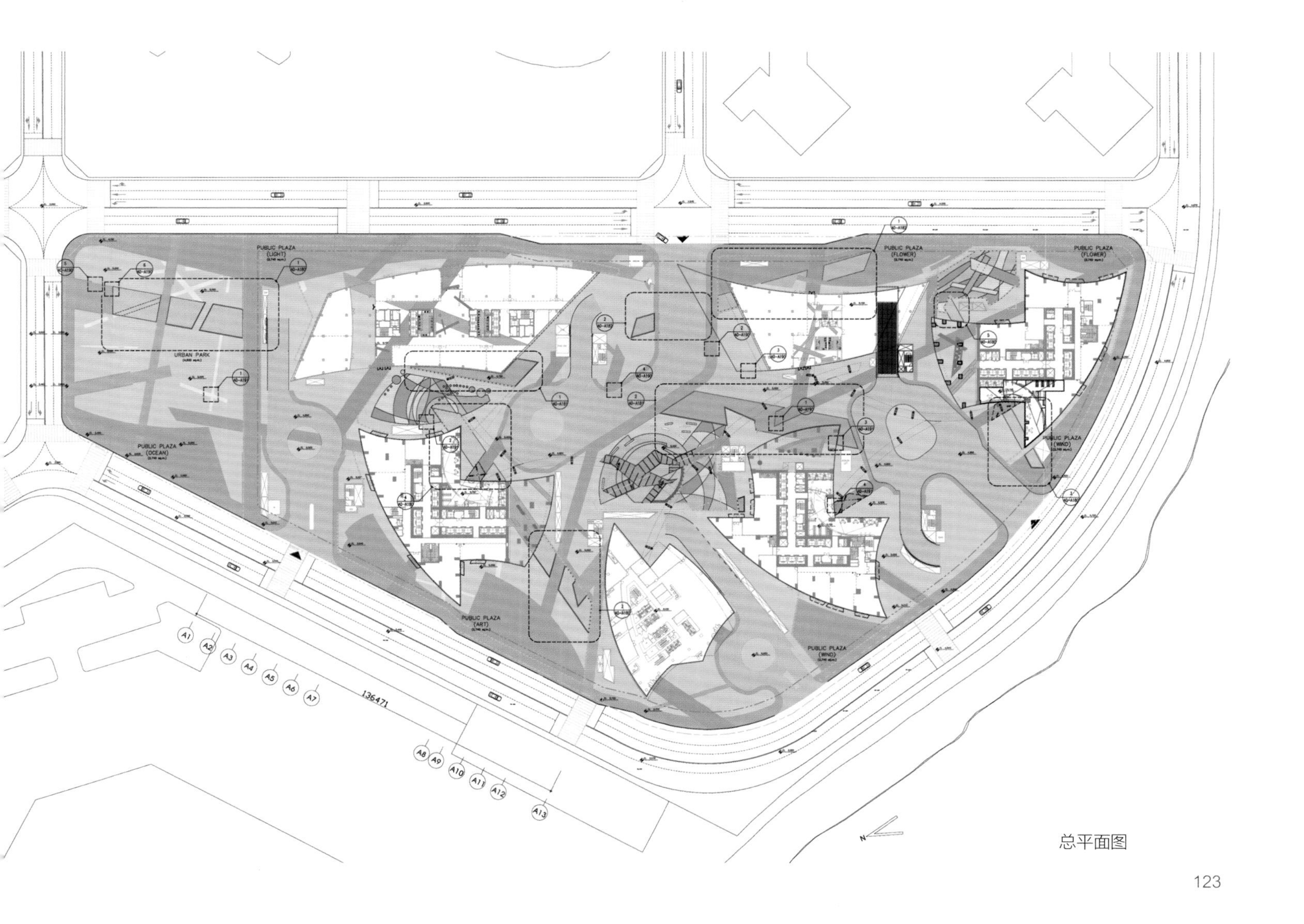
PUBLIC PLAZA (LIGHT)
URBAN PARK
PUBLIC PLAZA (OCEAN)
PUBLIC PLAZA (FLOWER)
PUBLIC PLAZA (FLOWER)
PUBLIC PLAZA (WIND)
PUBLIC PLAZA (ART)
PUBLIC PLAZA (WIND)
A1
A2
A3
A4
A5
A6
A7
136471
A8
A9
A10
A11
A12
A13
N

总平面图

I'PARK
I'PARK

I'PARK
C2

I PARK

形象的提升不仅来自单栋建筑的造型，还来自这些建筑在地块上的布置，设计目标是利用场地形状的优势，建造沿场地边缘西南朝向最合适的公寓，创建一处清晰定义的公共和私人空间。

塔楼的布置同样也应顾及到场地内的公园配套，塔楼将是景观公园的对应配景，公园将为居民和来到釜山市参观小区的游客提供充裕的开放空间。为了尽量扩大公园空间和景观的开放程度，还计划在公园里建造一些非公寓项目。

小区内每一栋楼都有其与地块相互关联的建筑特性。小区作为一个整体，必将是为ＨＤＣ创造新形象的21 世纪空间，必将是韩国居民生活的新视景。

Bangkok

Thailand

曼谷

泰国

Location

地点

Ideo Morph 38 公寓楼

Somdoon 建筑师事务所作品

专家解读公寓设计趋势

如今豪宅越来越强调生态属性，其中垂直绿化的应用随着技术的成熟也越来越多地见于城市之中。本案的选取也是为了回应这种建筑态势。该项目巧妙地把平常被晒的山墙面用连续的植被覆盖，姑且不论是否有功效，其带来的清爽感觉与清新的视觉感受，堪称一个非常成功的案例。

景观设计：Flix design & Dot Line Plane Company Limited
室内设计：Thai Thai Engineering
占地面积：5 320 m²
建筑面积：10 884.82 m² (A 楼)
26 157.57m² (B 楼)
地上楼层：10 层 (A 楼) ,32 层 (B 楼)
公寓单元：162 套 (A 楼),179 套 (B 楼)
摄影：W Workspace、
Spaceshift Studio、Somdoon 建筑师事务所

项目概况

该项目远离高密度区域和拥堵的素坤逸路，处在一个令人心情愉悦的、绿意盎然的低层公寓区之中。项目被分成两座塔楼，最大限度地增加了容积率，两座塔楼分别面向不同的潜在租户。

设计说明

两座塔楼在视觉上通过折叠的“树皮”外围护结构相连，“树皮”包裹着后面 32 层高的塔楼（Ashton）和前面 10 层高的复式塔楼（Skyle）。这层外表皮由预制混凝土板、膨胀金属网和植物结合而成，表皮不但能遮阳，还能隐藏空调。西侧和东侧的“树皮”根据热带阳光的照射方向，策略性地被设计成绿色墙体。前后两座塔楼的绿色墙体高度分别为 65m 和 130m，为住户和周边居民提供了舒适的视觉环境和自然环境。Skyle 塔楼面向的租户是单身人士或年轻夫妇，最小单元的面积为 23.3 m²。这些复式单元通过阳台和空调设置的不断变化体现了竖直方向上的特色。

与 Skyle 塔楼相反，Ashton 塔楼强调水平的悬臂式空间，它面向的租户是家庭。单元尺寸和类型各不相同：只有一室和一间阅览室的单元，八楼是有私人游泳池和花园的复式单元，顶层拥有一个四室的复式单元。每个单元在北面都有一个 2.4m² 的悬臂式起居空间向外悬挑。这个空间由三面是玻璃的封闭结构构成，视野最佳。

南面每个单元都有一个半露天的阳台，这是一个灵活的空间，双层推拉窗可以使其从一个传统的阳台转变成延伸的室内起居空间。

Ideo Morph 38 公寓楼是一个高层建筑项目，与周边低层的公寓建筑形成了鲜明的对比。该项目与环境有着共生的关系。由于采用了敏感的设计语言和植被茂密的立面，建筑有一种天然的美感，不但成为地标性建筑，还为周边居民和城市提供了一个令人愉悦的环境。

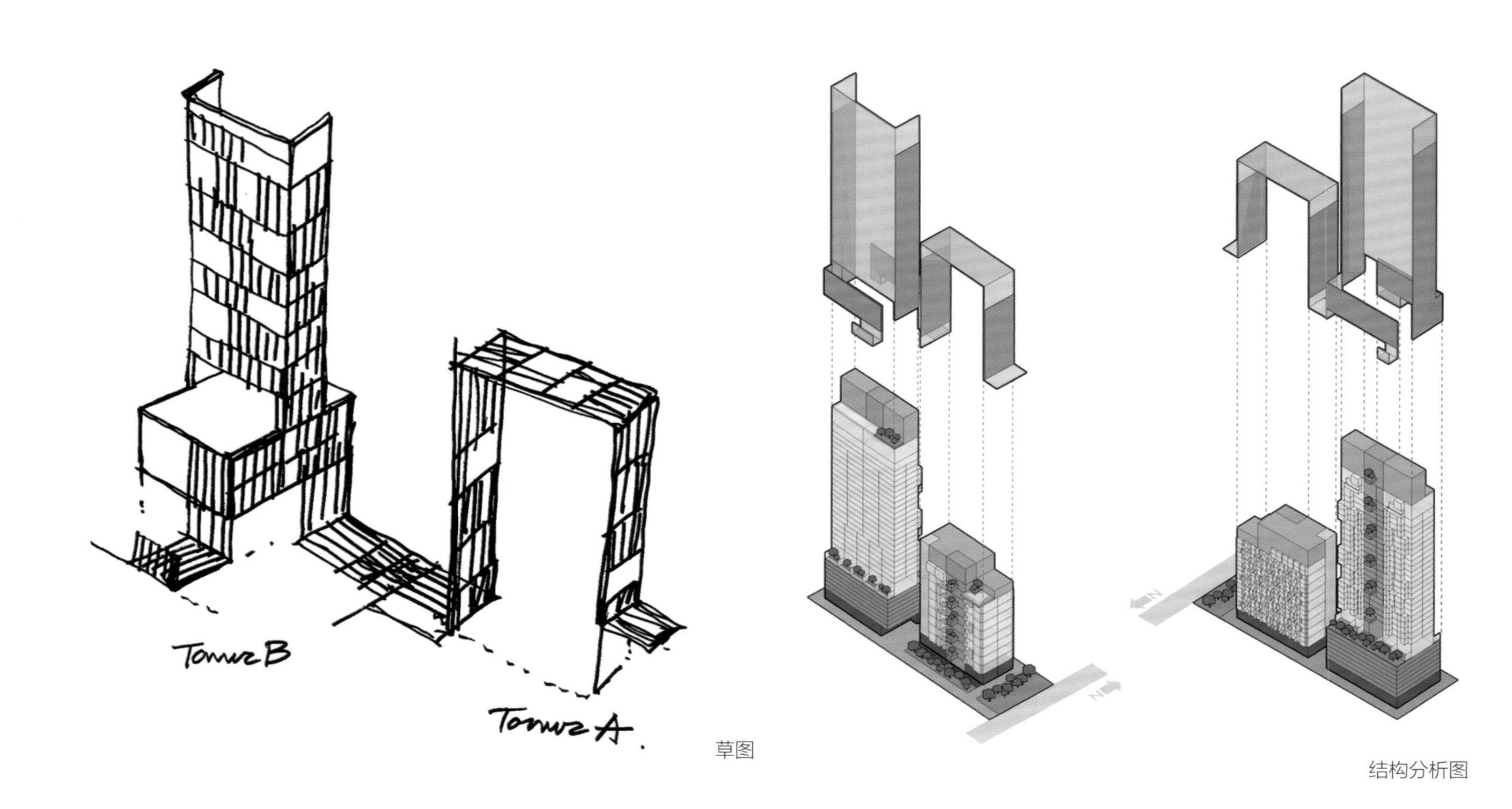

草图

结构分析图

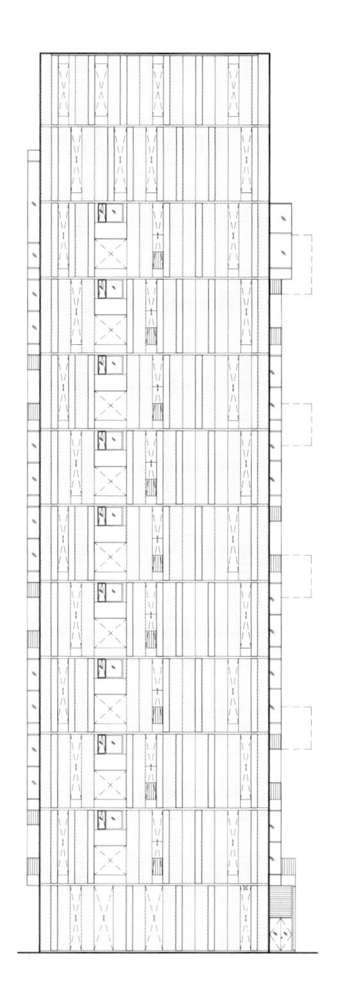

A 楼东立面图

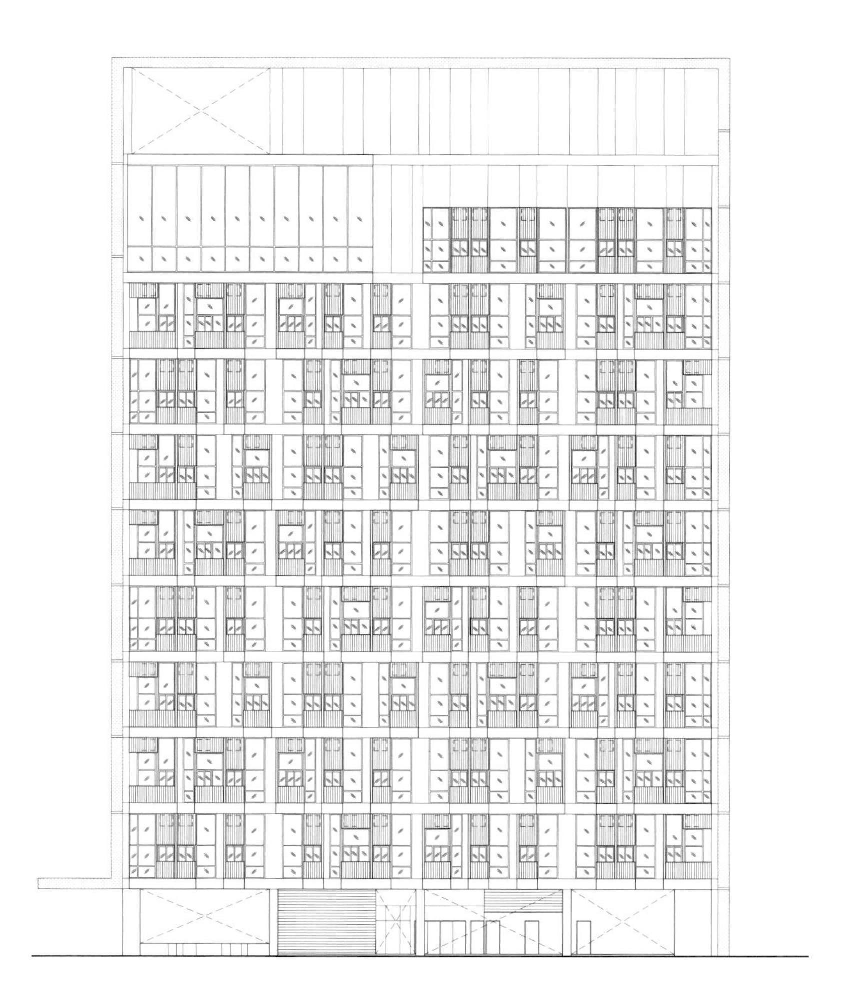

A 楼南立面图

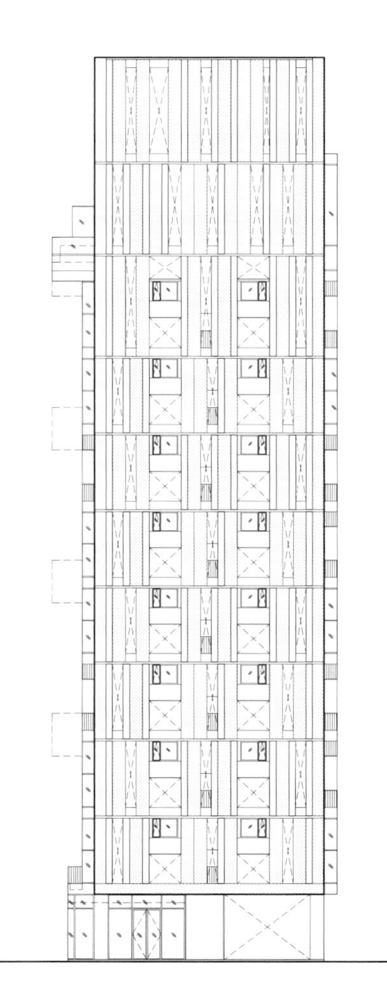

A 楼西立面图

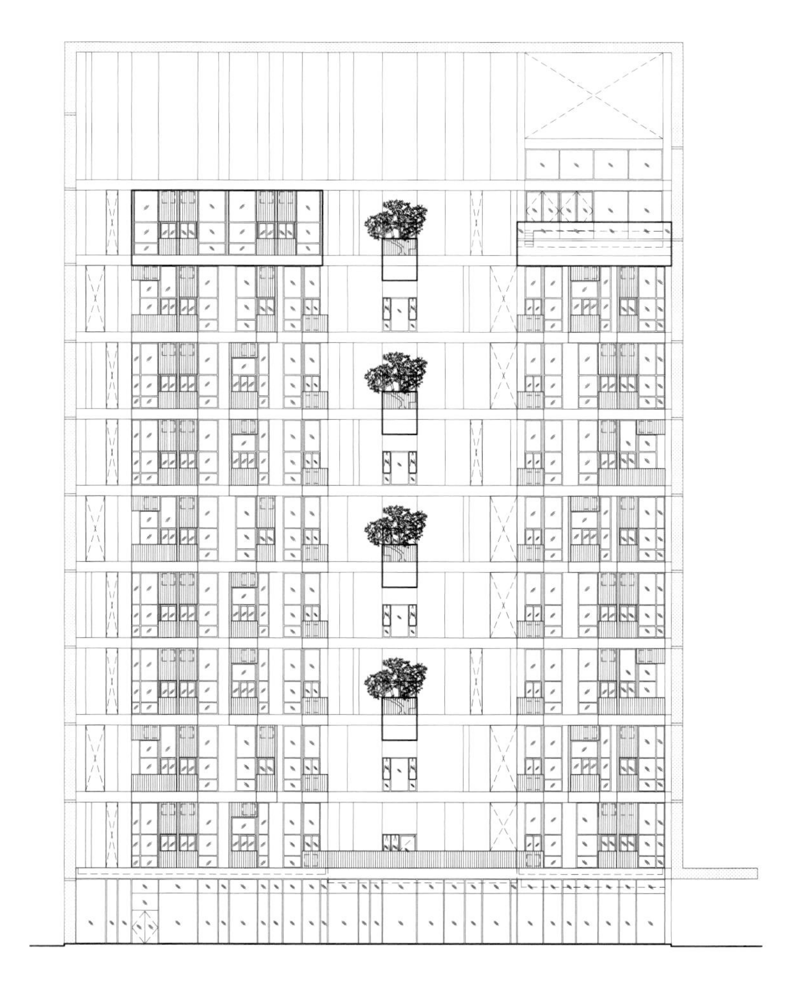

A 楼北立面图

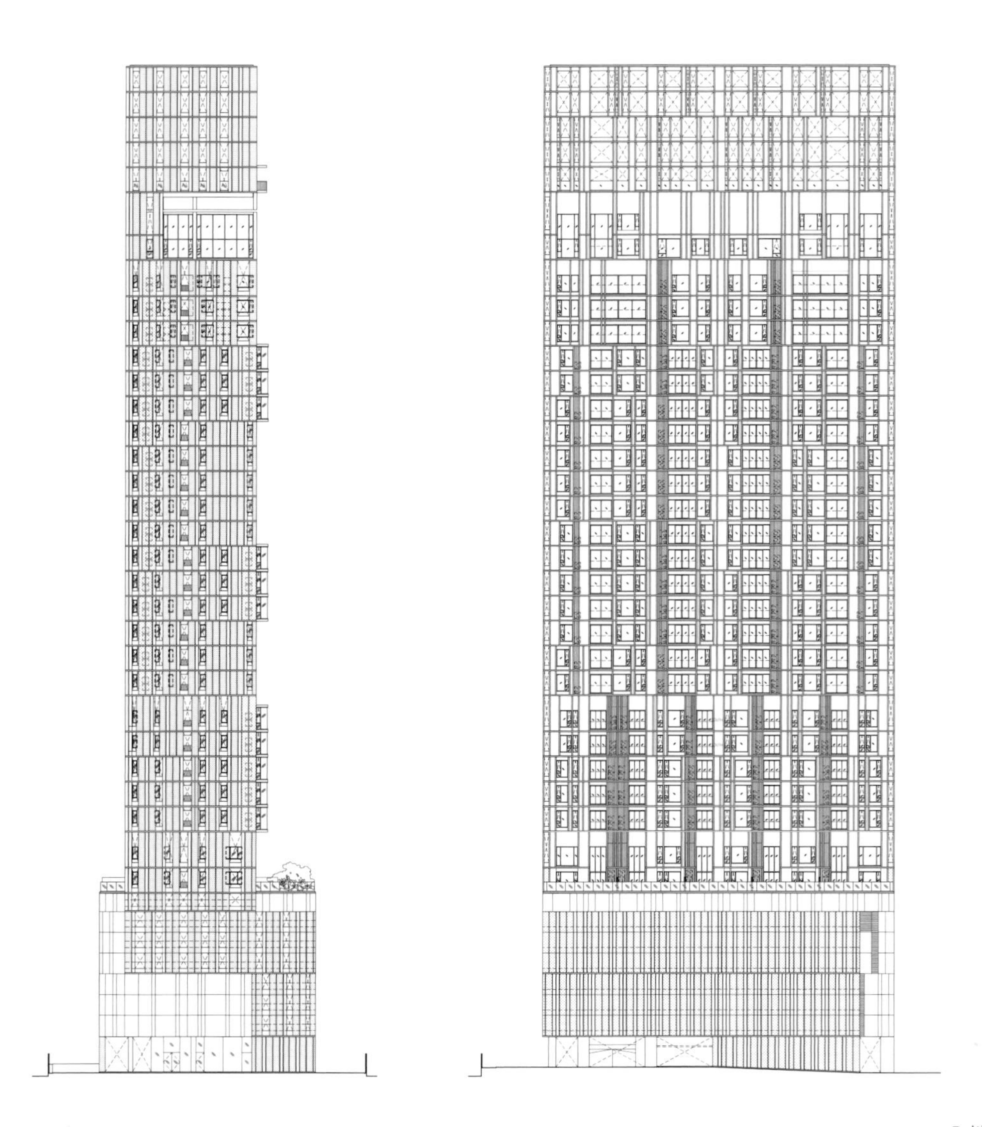

B 楼东立面图

B 楼南立面图

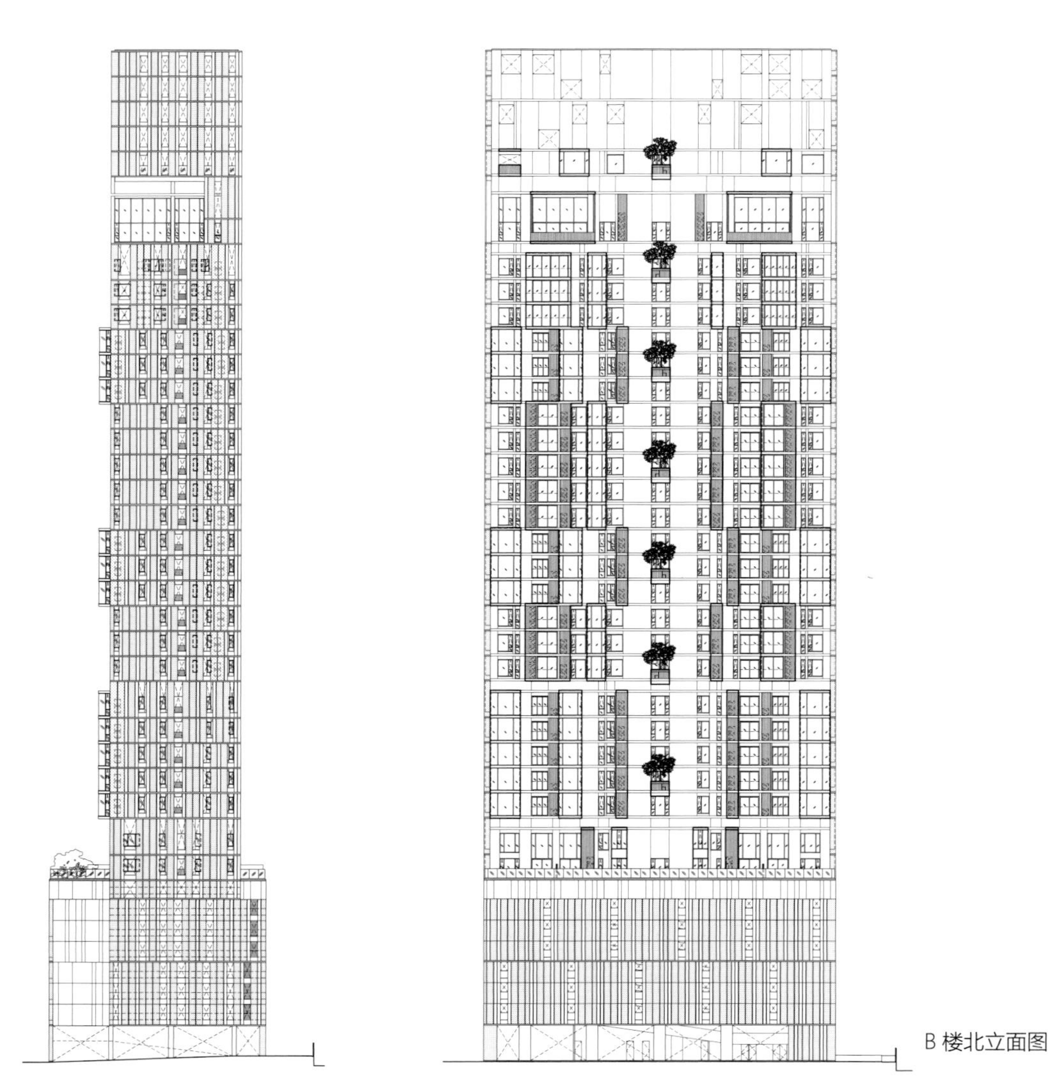

B 楼西立面图

B 楼北立面图

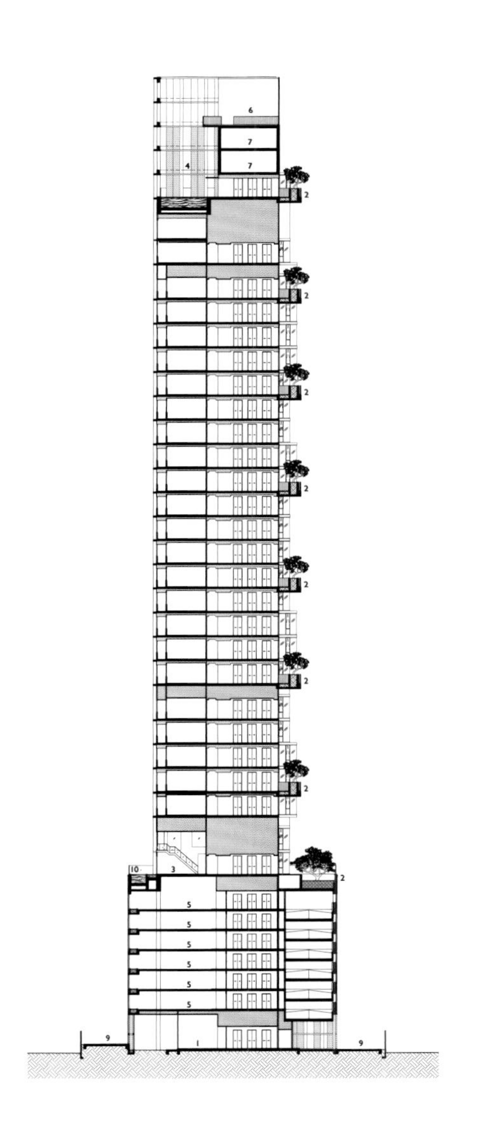

B 楼剖面图 B-B

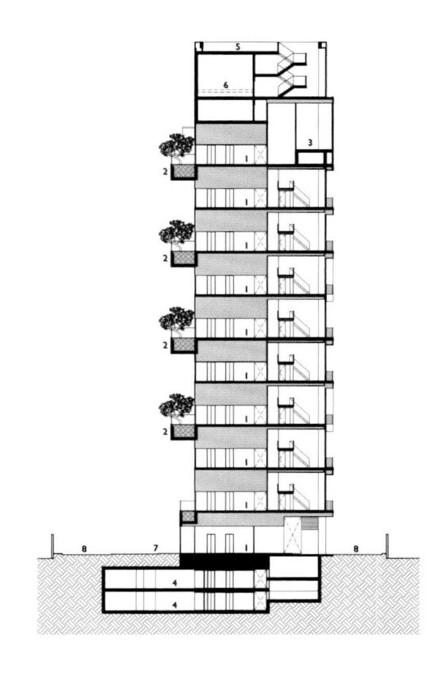

A 楼剖面图 A-A

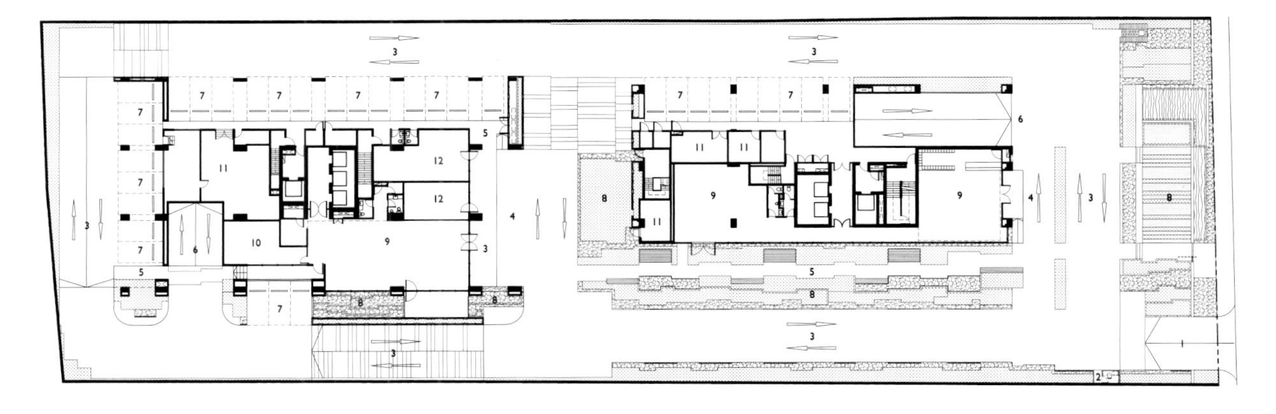

首层平面图

ASHTON

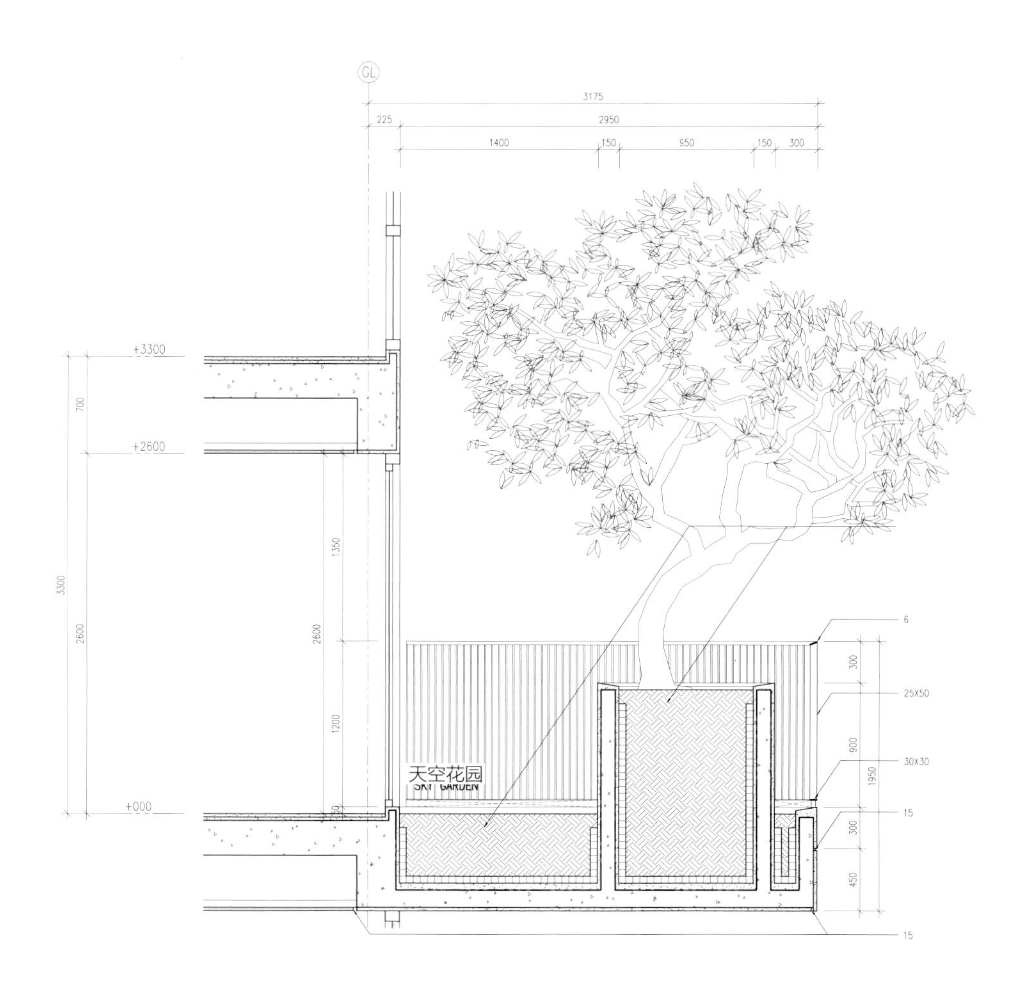

空中花园中树的典型剖面图

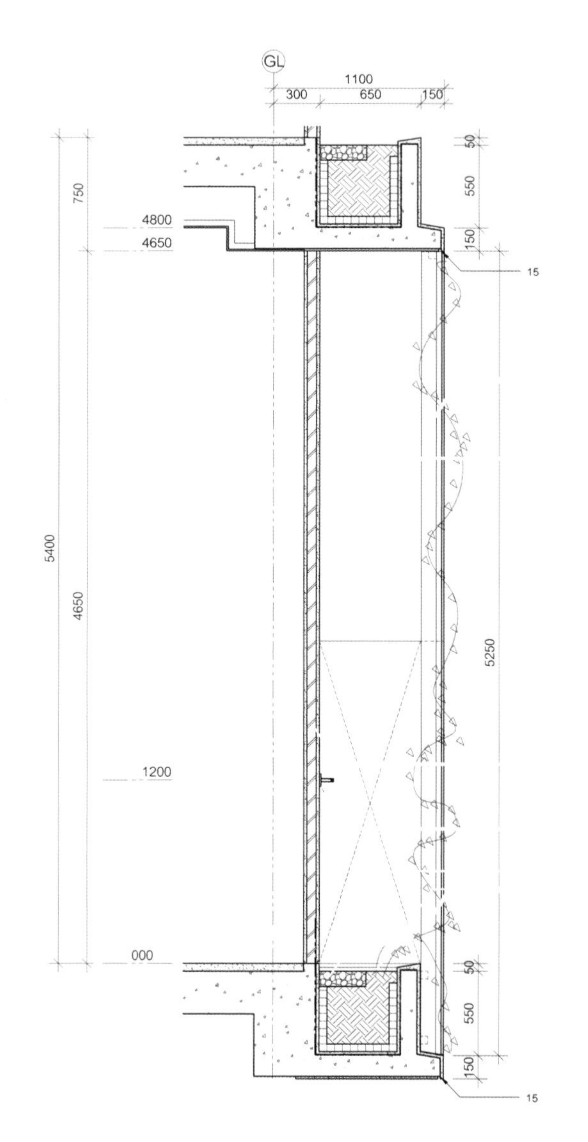

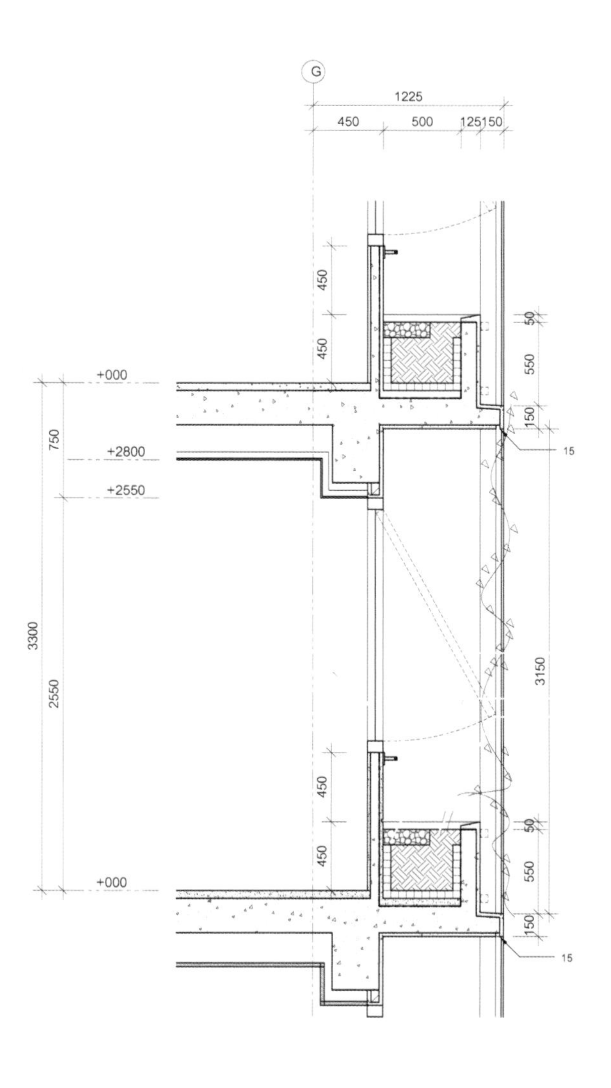

典型植物剖面图

Kuala Lumpur

Malaysia

吉隆坡

马来西亚

Location

地点

阿瓦雷大厦

MAP 建筑师事务所作品

专家解读公寓设计趋势

设计师受到蝴蝶形状的启发，把阿瓦雷大厦设计成了与众不同的建筑，造型优美的蝶形塔楼更利于人们欣赏城市的壮丽风光，这栋有着完美内外部装饰且私密性良好的公寓成为美丽的吉隆坡城市的天际线。阿瓦雷大厦是马来西亚第一座带有玻璃幕墙的公寓塔楼。

占地面积：4 278 m²
地上楼层：41 层
公寓单元：78 套（2 套豪华单元和 76 套标准单元）
摄影：George Gill

项目概况

MAP 是负责该豪华公寓项目的概念设计、幕墙节点设计及汇报材料的建筑师事务所。项目位于马来西亚吉隆坡中心的地标性建筑双子塔附近。阿瓦雷大厦共有 41 层，78 套公寓。该地块是吉隆坡颇负盛名的地点之一，具有影响力的精英多居住于此。

设计说明

阿瓦雷大厦从平面上看似一只蝴蝶的形状，将其向上延伸形成两幢高雅的弧形塔楼。一个服务流通中心将两幢塔楼结合起来。该设计是 MAP 与罗伯特·凯斯勒一起合作的成果。整体外观参照及延续了双子塔的建筑立面美学。除此之外，阿瓦雷大厦也是马来西亚第一栋采用玻璃幕墙设计的公寓塔楼。MAP 采用了独特的流线型不锈钢遮阳百叶，成功地结合了设计需求及实际的节能功能。

该项目的设计关键在于，如何在占地面积有限且周围高楼环绕的情况下使人们在公寓中可以纵观城市美景。MAP 创新的幕墙设计为每一套公寓单元制造了 180 度的景观视野，便于人们欣赏双子塔及附近的公园等景观，在顶层的顶级公寓单元中更可享受 360 度的城市全景。为了接纳马来西亚人的爱车，阿瓦雷大厦设有 5 层地下停车库。每套公寓单元配套的车库足够容纳 3 辆车。

所有公寓单元在项目完成的两年前已经销售一空。该项目也荣获了 2008 年 CNBC 奖项的最佳高层公寓大奖。

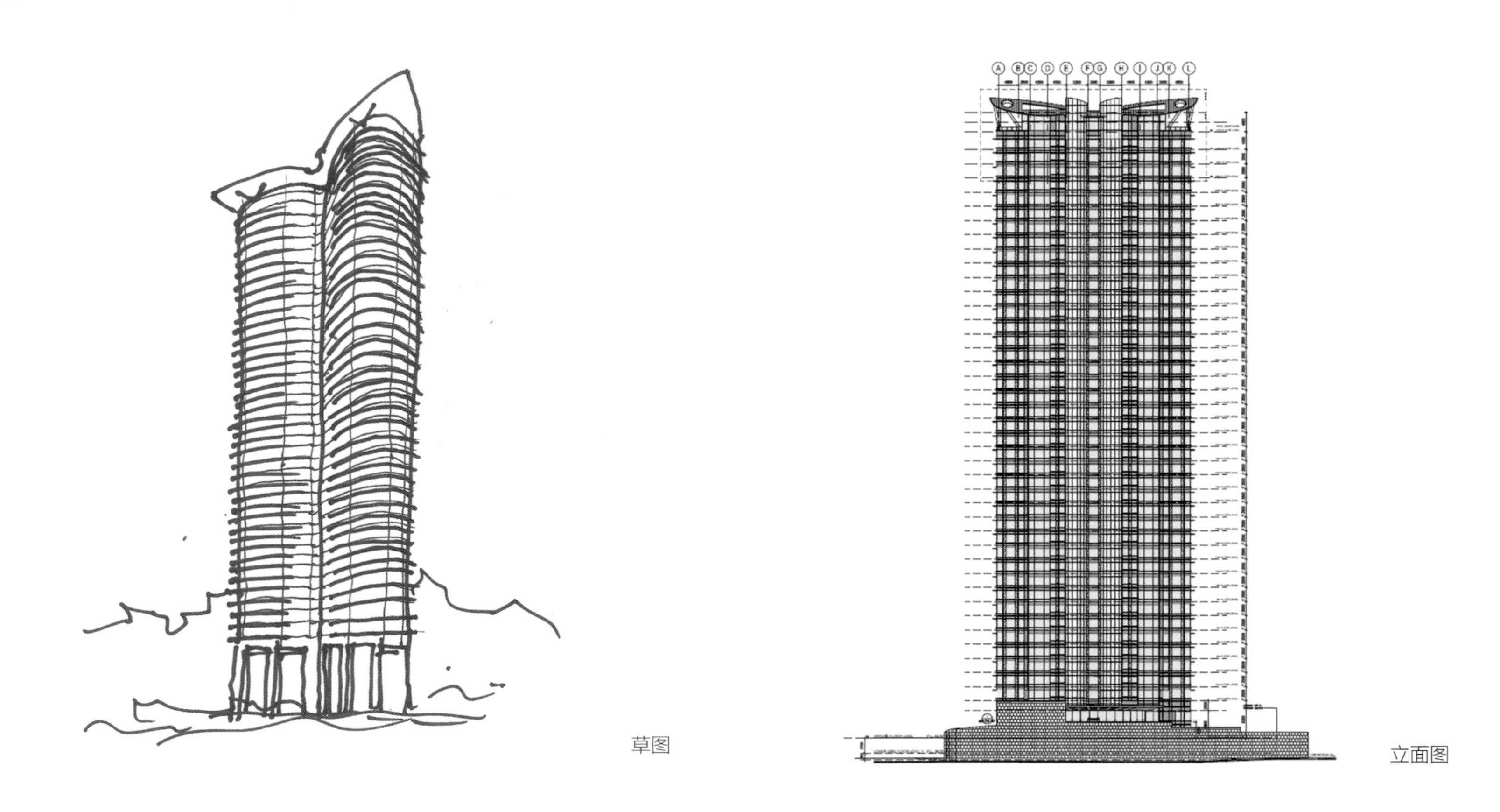

草图

立面图

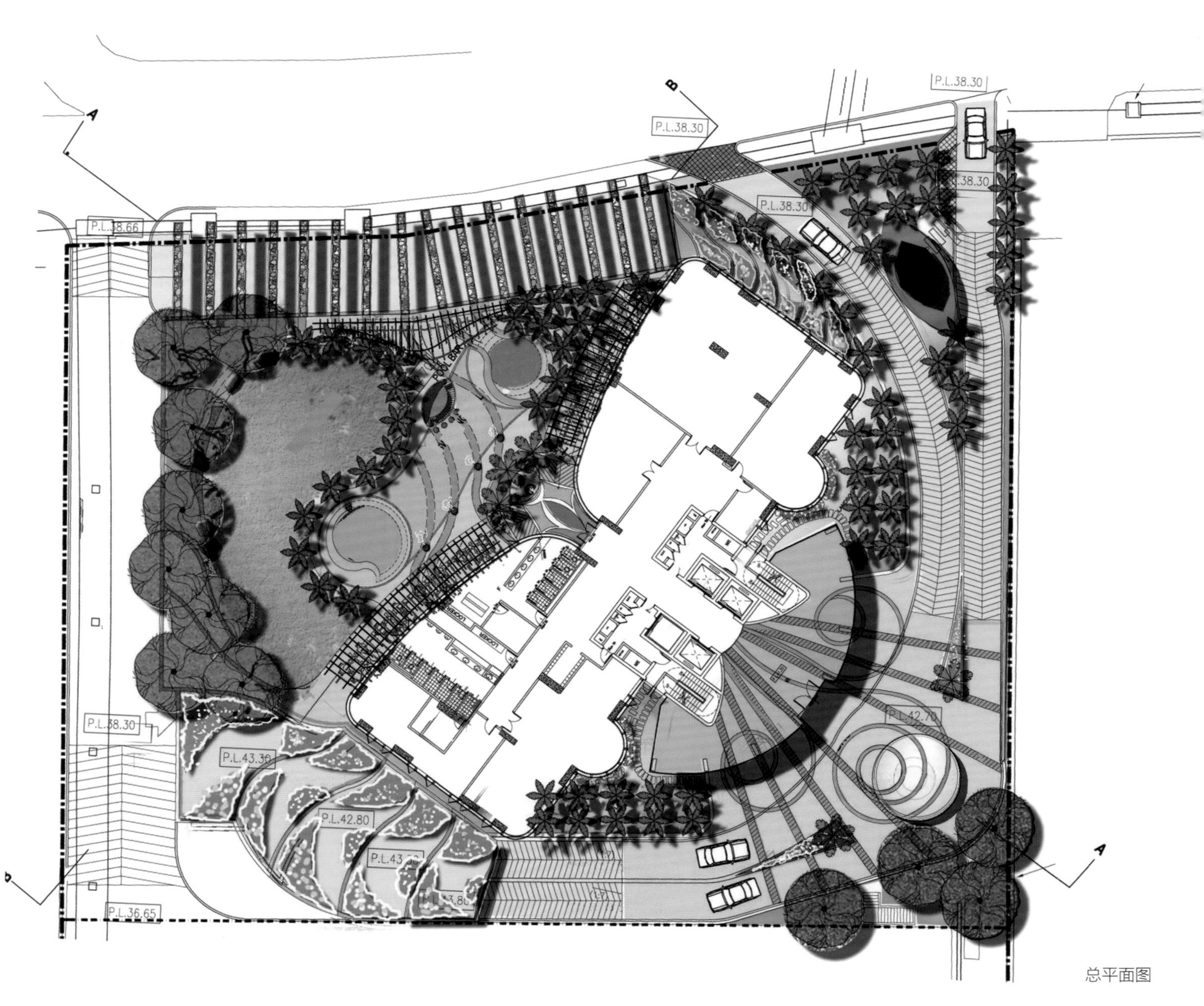
P.L.38.30
P.L.38.30
P.L.38.30
P.L.38.66
P.L.38.30
P.L.43.30
P.L.42.80
P.L.42.70
P.L.36.65

总平面图

PLATINUM PARK

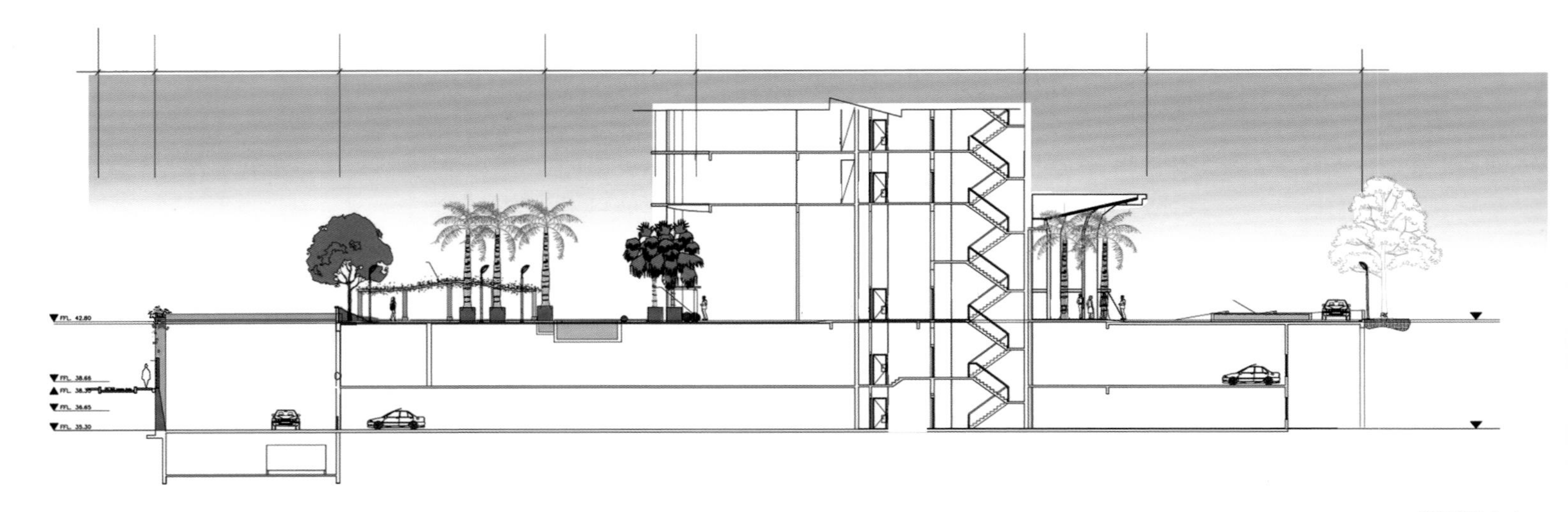

剖面图 A-A

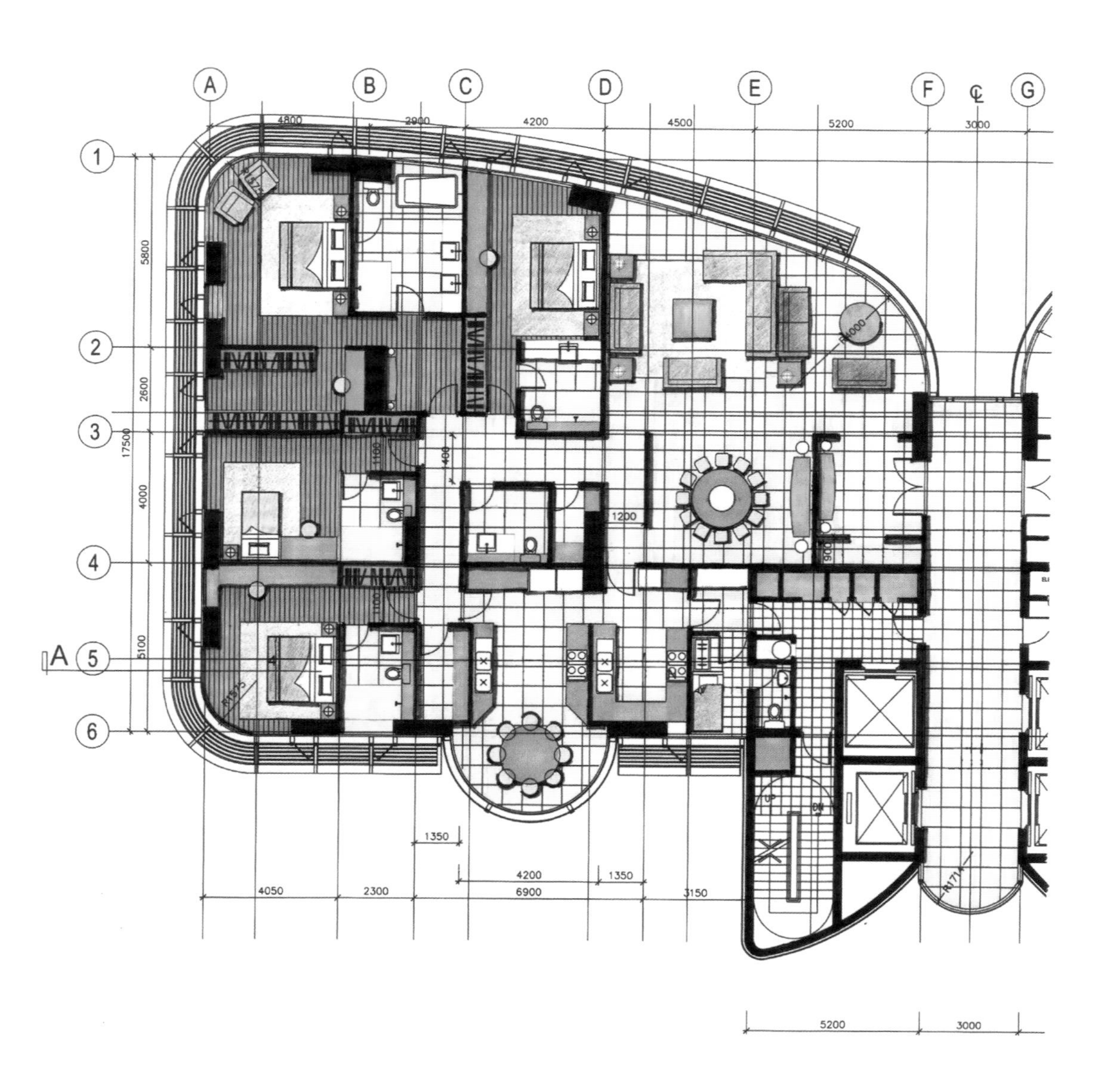

标准楼层平面图

FOR SALE / LET
THE
AVARÈ
KUALA LUMPUR

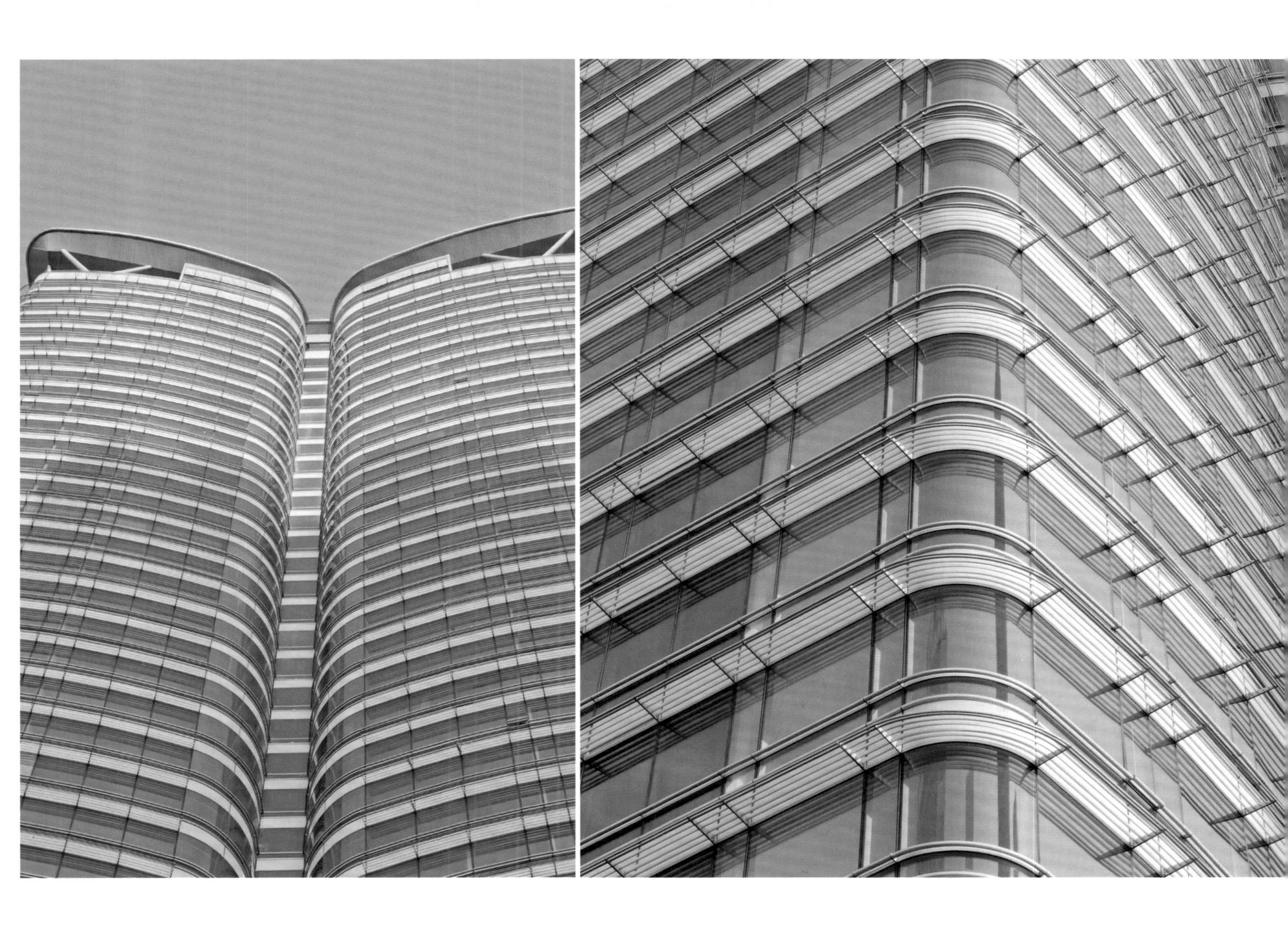

THE AVARÈ

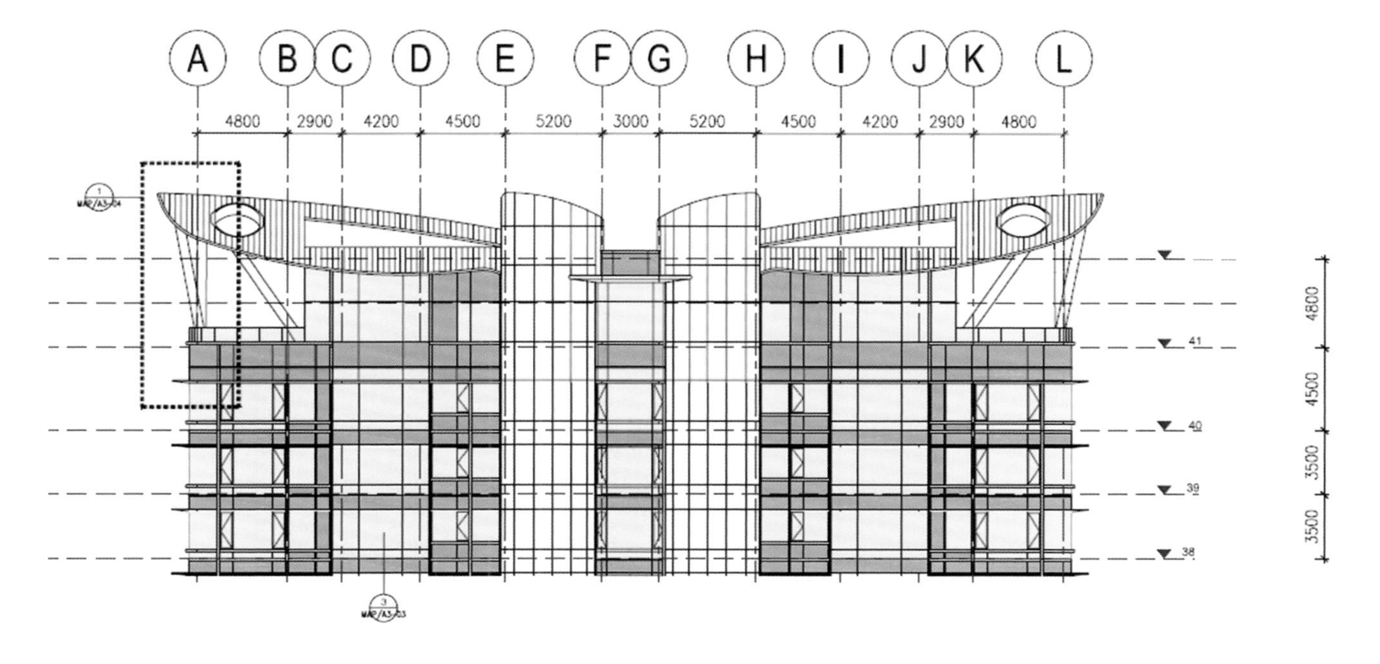
A
B
C
D
E
F
G
H
I
J
K
L
4800
2900
4200
4500
5200
3000
5200
4500
4200
2900
4800
41
40
39
38
4800
4500
3500
3500

顶层公寓立面图

第七节 迪拜公寓

Dubai

United Arab Emirates

迪拜

阿拉伯联合酋长国

Location

地点

Hircon 塔

KEO International Consultants

作品

专家解读公寓设计趋势

这是一个实现欧式折中主义风格与“土豪”业主需求双赢的好设计。在豪华设施与奢华建材背后依然可以看出设计师对形式与比例的精心推敲。上中下三段式的西方古典处理，以及立面由下至上依次展开，并最终在顶部变身为高耸入云的尖顶的巧妙处理，塑造了一个新古典主义的优秀公寓案例。

客户：Hircon International LLC
建筑面积：138 000 m^2
地上楼层：88 层
公寓单元：291 套

设计说明

Hircon 塔位于迪拜滨海开发区 23 号， 高 395 m，是世界上较高的摩天公寓楼。这座 88 层建筑拥有超过 138 000m^2 的建筑面积，设有 3 层水疗休闲场所，1 条跑步道，7 个大型游泳池以及包含 50 喷泉的水池。这栋著名建筑重现了它所在的迪拜滨海区的优质、奢华的设计风格。凭借其独有的阿拉伯塔酒店、朱美拉棕榈岛和阿拉伯海湾的全景视野，Hircon 塔广受追捧。

该建筑还拥有可容纳 574 辆汽车的停车场。地下 4 层与裙楼的 1~3 层均为停车场。人们可通过 6 部高速电梯和 48 部家用电梯通往 291 套豪华公寓。入口大厅高 16m，大厅的缟玛瑙玻璃窗直对通往大街的入口，缟玛瑙玻璃窗采用背光设计，为整个大厅增光添色。建筑的装潢采用现代欧式风格， 色彩以白色、米黄色以及深褐色为主。整栋建筑的优质与高标准显而易见，甚至连位于三个楼层上的游泳池都使用石灰华与花岗岩铺装。

Hircon International LLC（一家 Hiranandani-ETA STAR 合资企业）委托 KEO 为这个重大项目提供以下服务：建筑设计、结构工程、机电工程、景观建筑、室内装饰、交通影响分析、项目管理、工程监造以及工料测量服务等。

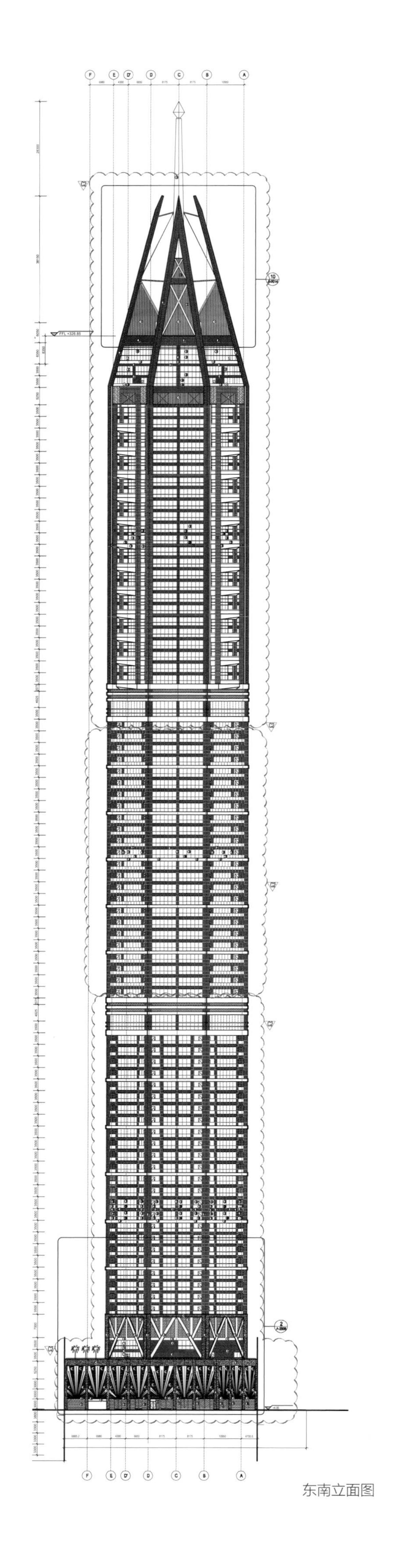
东南立面图

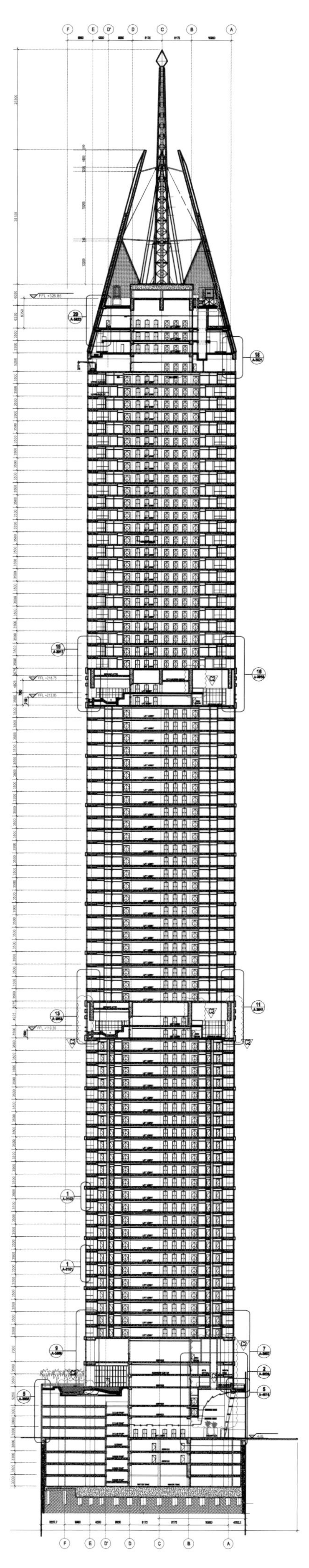
剖面图 A-A

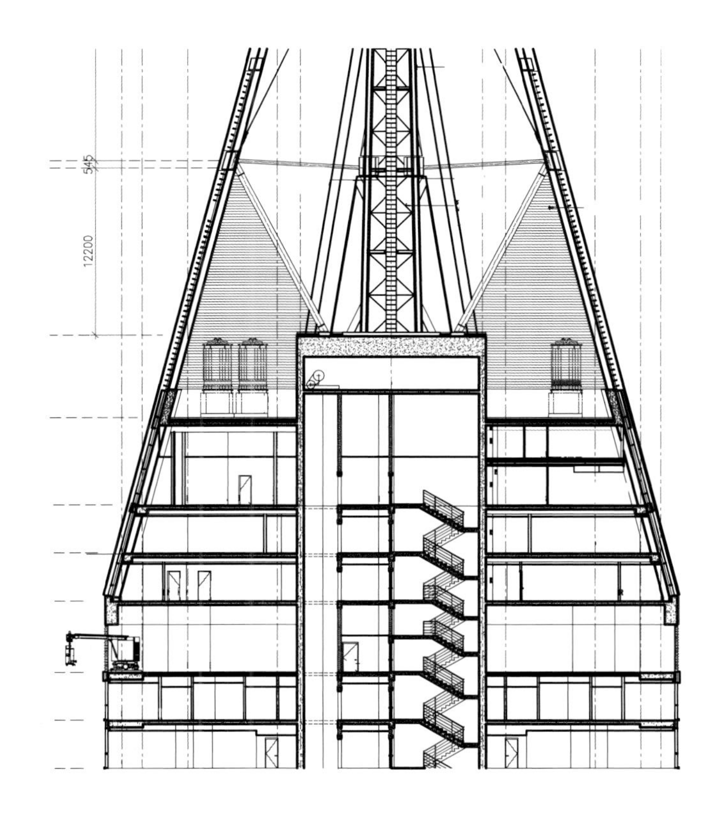

主体建筑示意图

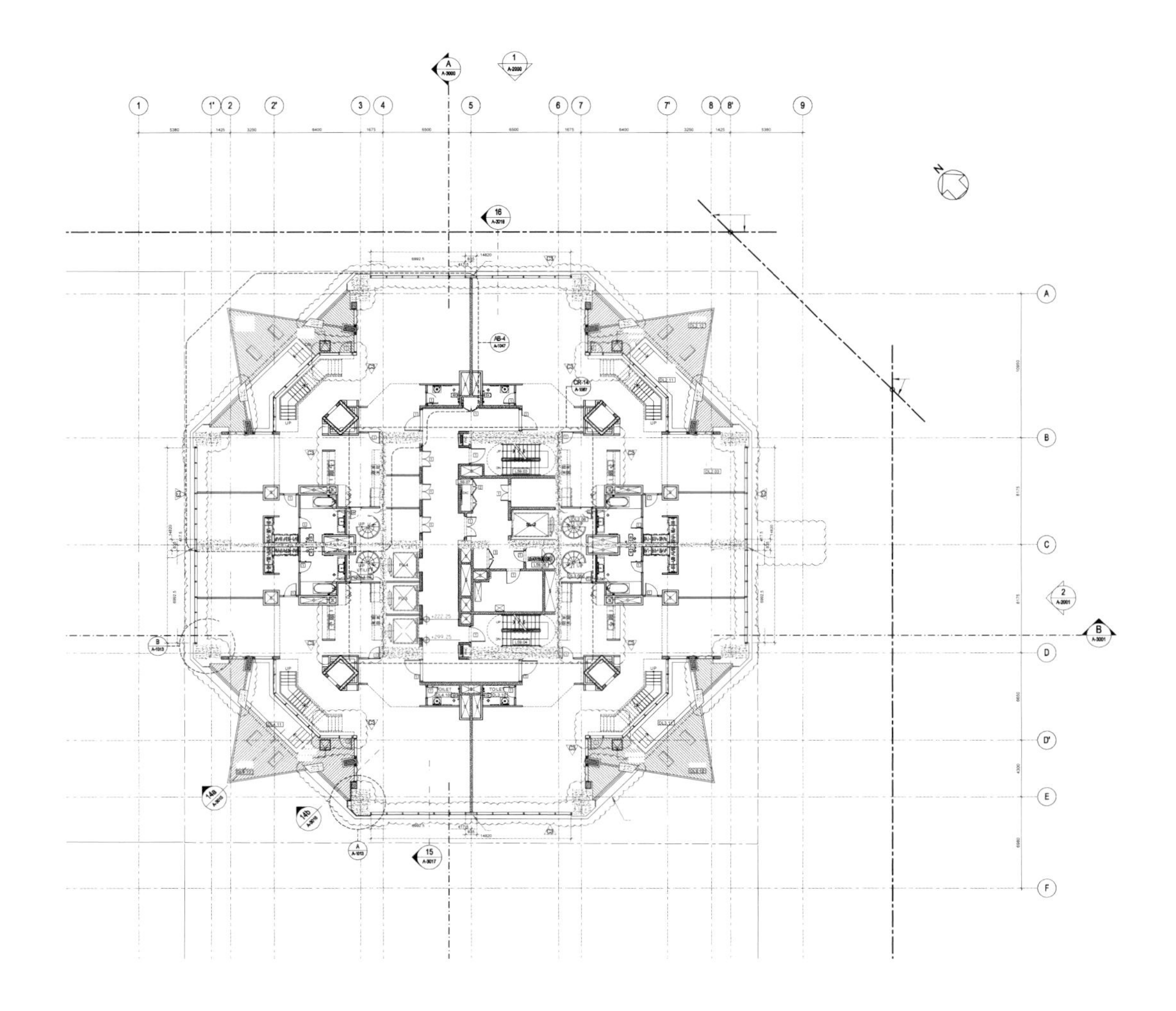

59~81层平面图

dudu

TRID
Pentominium

SHATHA TOWER

Gurgaon
India

古尔冈
印度

Location
地点

古尔冈 66 公寓项目

Maison Edouard Francois
作品

专家解读公寓设计趋势

此类设计风格常见于比较开放自由的方案阶段。在塔楼的高处劈开一系列公共交往空间，甚至在塔楼与塔楼之间以天桥连接形成一条连续的公共通路。这种设计概念与手法自斯蒂文 · 霍尔的万国城小区实现后，被越来越多地应用在各种公寓设计中。

客户：Krrish Group
项目地点：印度古尔冈 66 区
占地面积：70 000 m^2
团队： Maison Edouard François、Maison Edouard François India

建筑师：Edouard Francois

项目概况

根据 Vastu——印度风水文化的前身，一条宽阔的马路“横”在建筑前面，是这个繁华地区的标志。古尔冈 66 区两边有高速公路穿过，是极其昂贵的地区。因此，这一地区注定是奢华的。

该项目首先是一个世界著名的品牌、商店、影院及餐馆云集的豪华商业中心，同时还有办公区和一个提供公寓服务的酒店。

这个豪华的商业中心，是一栋充满阳光并且设计得像欧式社区的独立建筑。酒店和公寓服务塔楼与周边纽约风格的建筑群有着切实的联系。这个新项目的每一个元素都可以被很清晰地辨认出来。

设计说明

这个独一无二的商业中心基于奢华的原则，每一个知名品牌都有其完全独立的大理石使馆。通道和广场被构建于这些大使馆中，形成一套带有空调并且玻璃天篷一体化的室外景观。自动遮阳天篷可以调节阳光照射的角度。在天篷下，大使馆逐渐组合在一起，接纳更年轻和不太知名的品牌。

在商业中心的末端，有一些单一多层的住房零售点和综合百货商店。在这类盒状的住所之上，还有一系列精心布置的电影院。从底部可以看到其阶梯状的态势。餐厅被布置在使馆屋顶平台上，与在高高的棕榈树间交织的桥相接。这个商场被商业地产研究的领导者和经纪人 Cushman & Wakefield 认为是“高度创新的豪华商厦”。

有条路位于两栋塔楼之间，专用于公寓。公寓建筑有一个简单的外形，完全用薄的不锈钢覆盖，以免受到太阳照射。在三分之二高度的地方，不同的功能性组合包括酒吧、游泳池和花园，这些都与雾气弥漫的悬索桥相连。水蒸气缭绕在桥的周围，让桥看似固定在塔楼间。从塔楼上看去，办公室在商场的另一边。这将会是印度第一个有正能量且获得 LEED 白金等级认证的建筑。

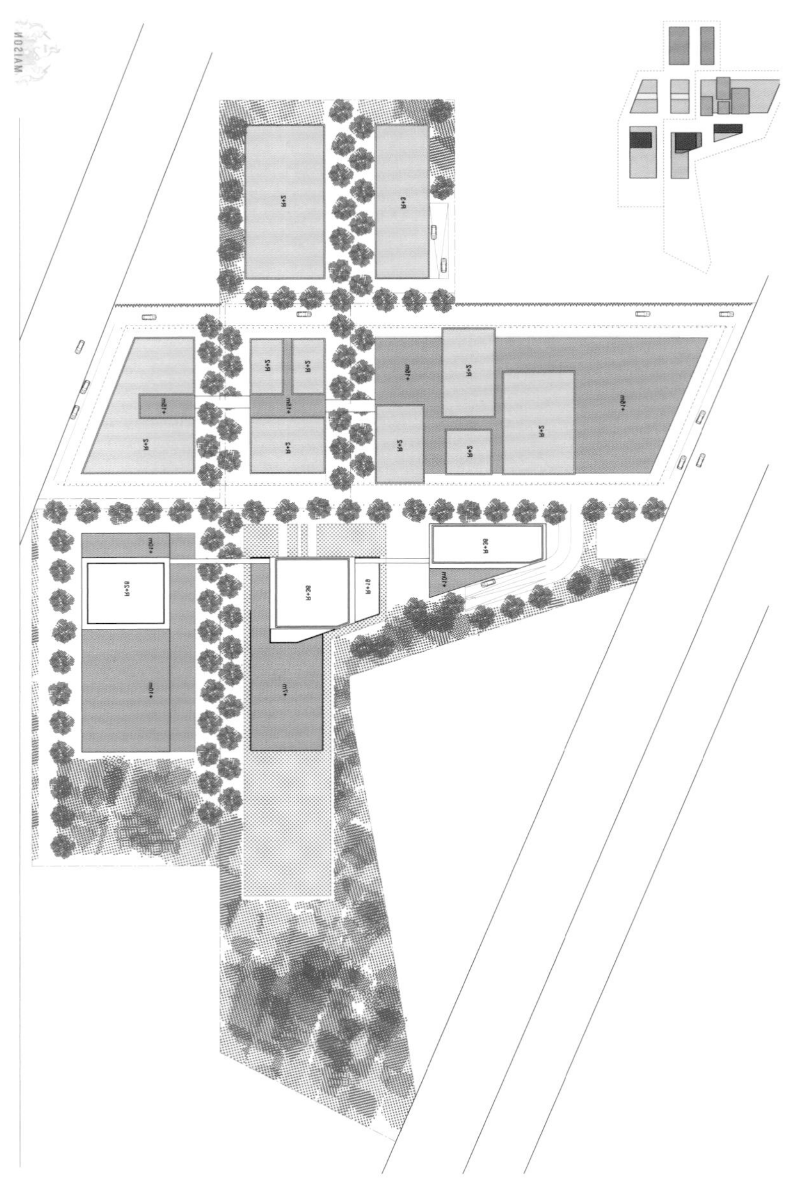

总平面图

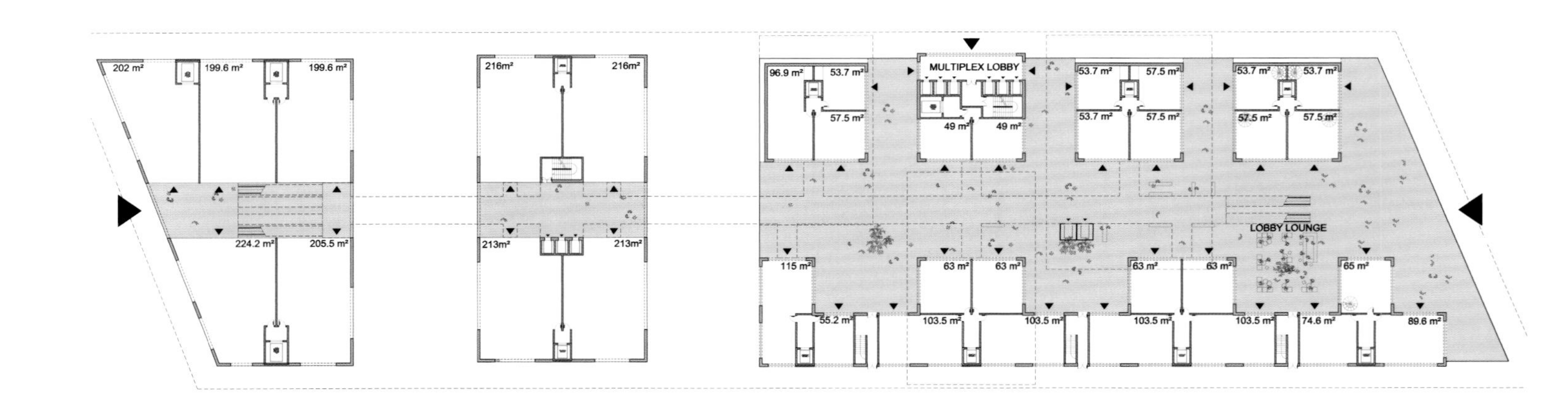

首层平面图

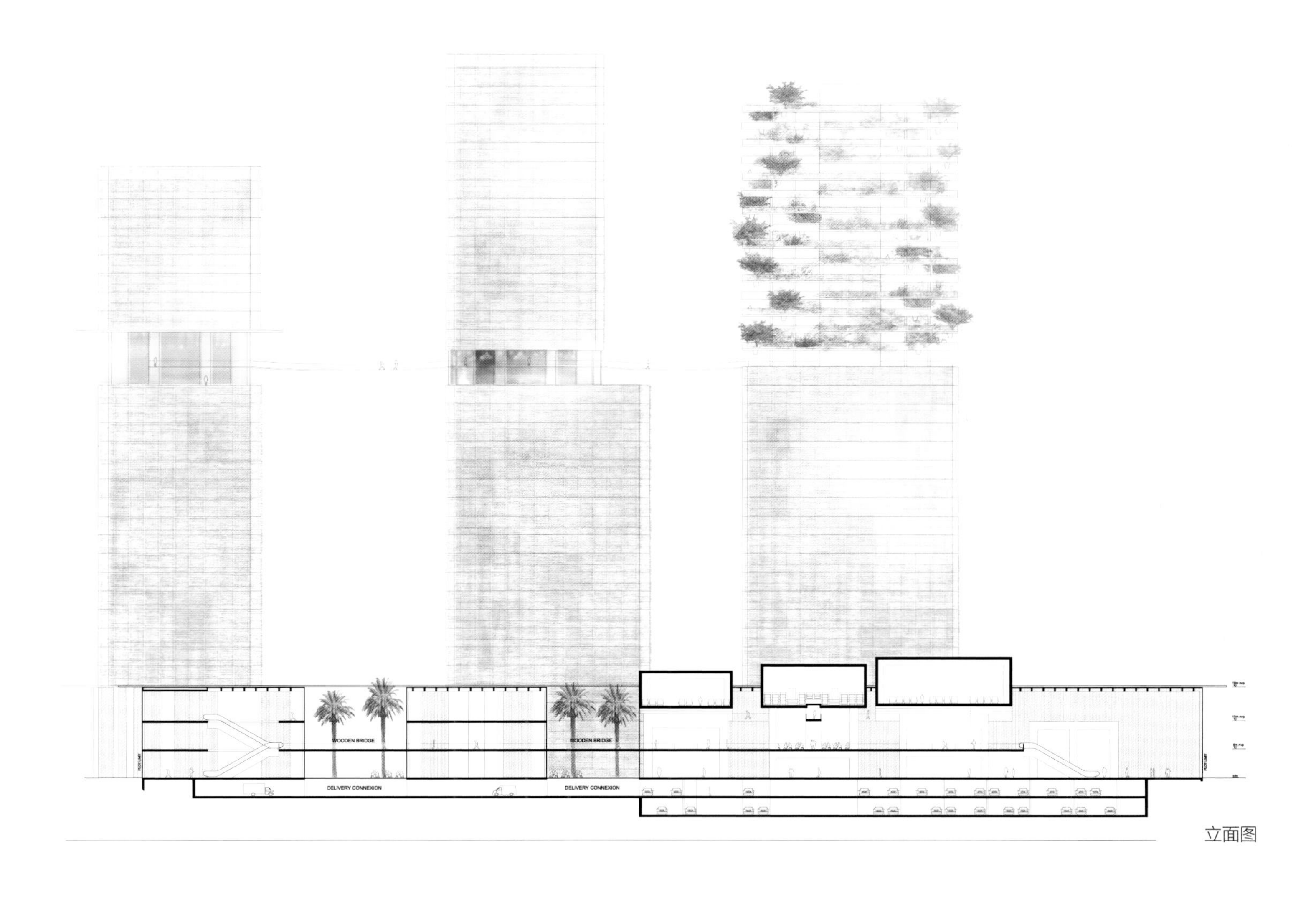

WOODEN BRIDGE
WOODEN BRIDGE
DELIVERY CONNEXION
DELIVERY CONNEXION

立面图

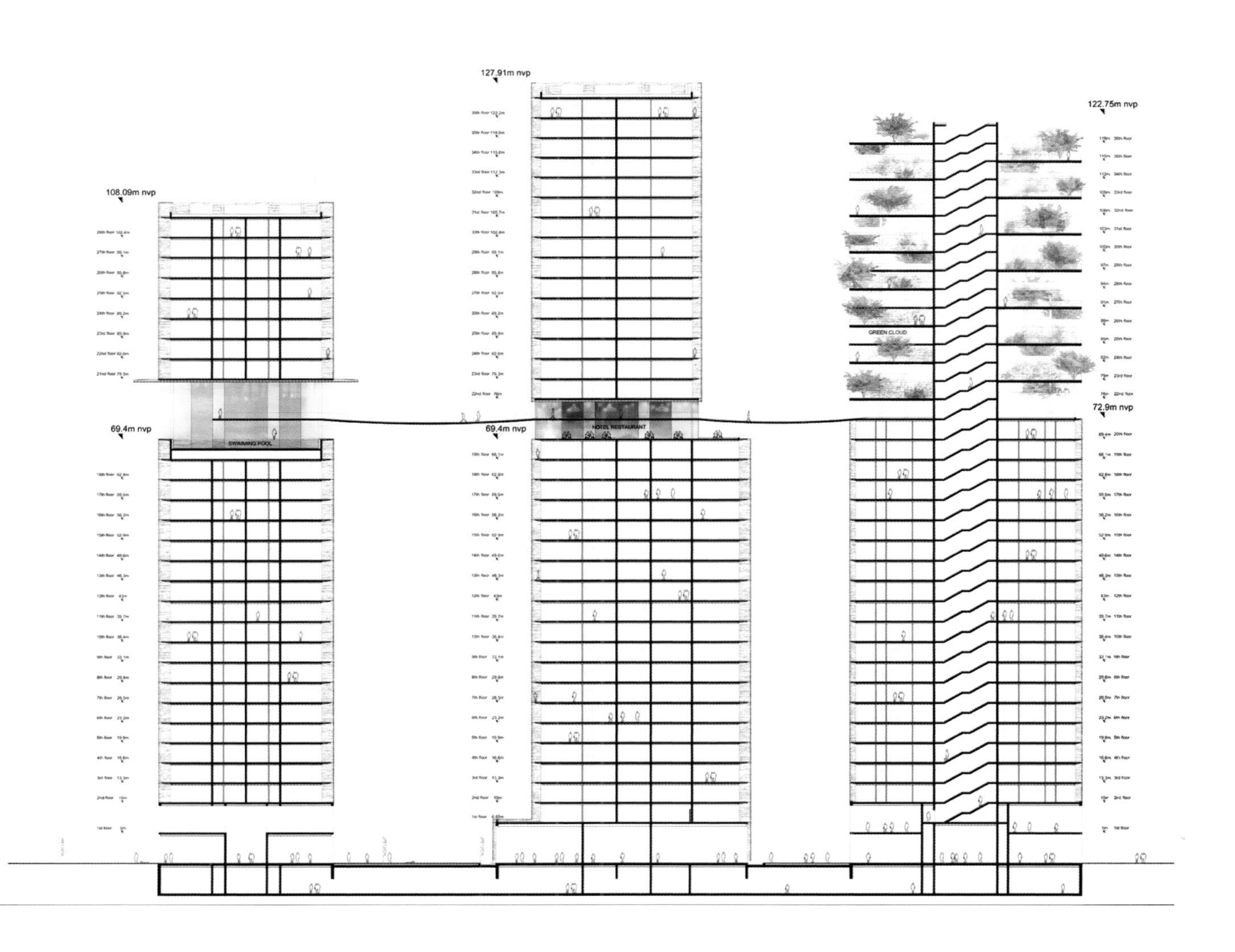

127.91m nvp
108.09m nvp
122.75m nvp
69.4m nvp
69.4m nvp
72.9m nvp
SWIMMING POOL
HOTEL RESTAURANT
GREEN CLOUD

剖面图

CHANEI
PRADA

FENDY

第九节 越南公寓

Hanoi

Vietnam

河内

越南

Location

地点

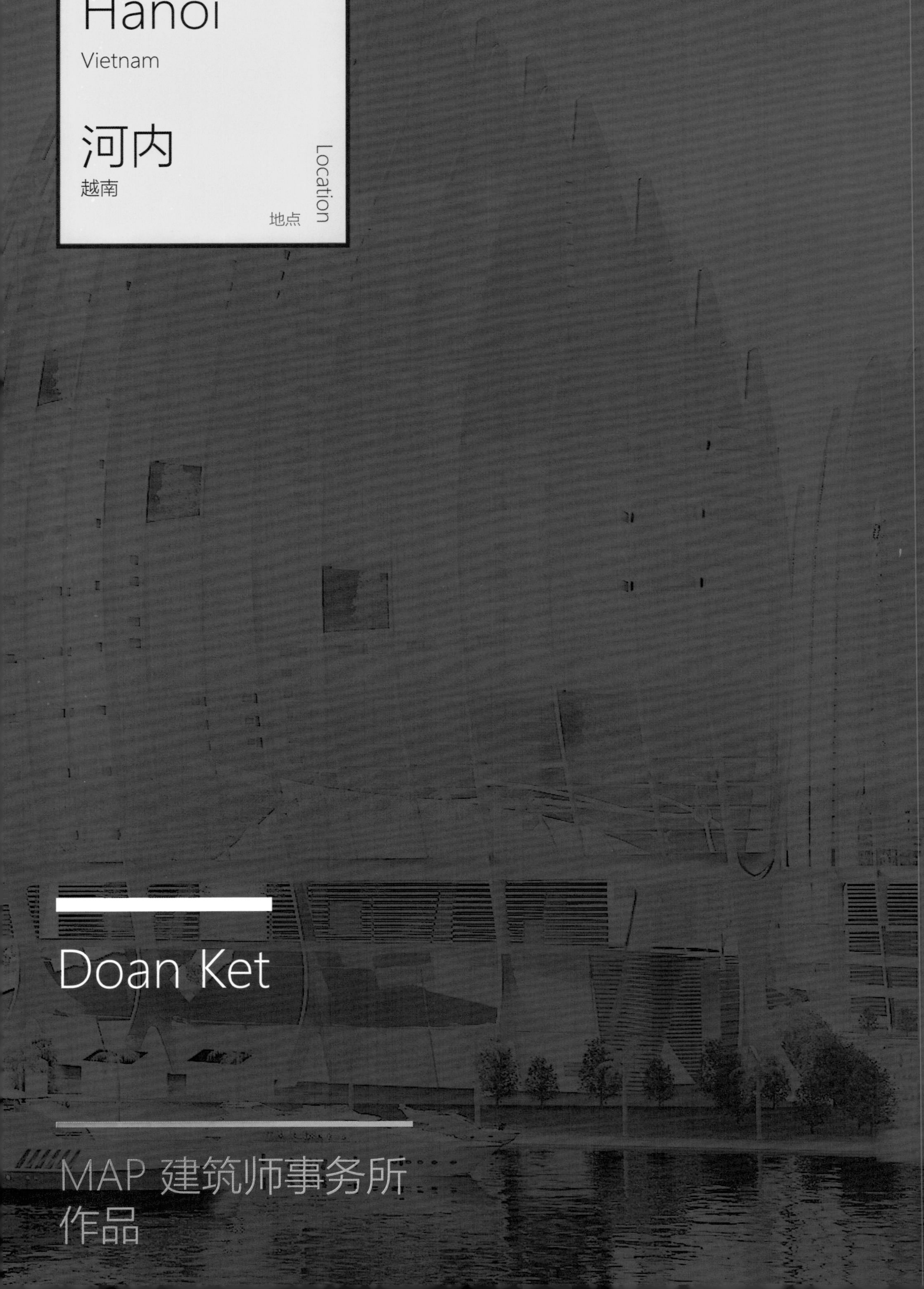

Doan Ket

MAP 建筑师事务所作品

专家解读公寓设计趋势

Doan Ket 高级公寓项目的设计定位为一座美丽的地标建筑，并让它令人着迷和向往。建筑造型的设计灵感来源为越南的国花——莲花，设计师希望营造出一种崇敬感，使居民产生一种积极的情感。建筑采光良好，这也是决定积极情绪的关键因素。Doan Ket 高级公寓项目采用自然通风系统以提供新鲜空气，这也是保持健康和活力的另一个重要因素。在 MAP 建筑师事务所的设计中，风水一直被考虑其中，以协调人类生存与周围环境的关系。

建筑师：Edward Billson、 Karl Grebstad、Samuele Martelli

项目概况

MAP 建筑师事务所凭借其鲜明、独特的建筑设计风格击败了七个国际建筑公司，在河内西湖的 Doan Ket 高级公寓项目上赢得了该项目的竞标。Doan Ket 是河内颇负盛名的地段之一。此外，建筑基地也是该区域（湖的北侧）仅存的一个黄金地块。在这个地块可以欣赏越南皇宫的壮丽风景。

设计说明

MAP 把建筑占地面积控制为用地面积的百分之二十，将其余更多的面积用于环境景观上。裙楼的功能包括商店、餐馆、体育和公寓设施，以及一所幼儿园。在裙楼上方有四幢塔楼，塔楼进深为一个单元。因此，居民都可看到南面湖的美景。这四幢塔楼并列，在平面上构成轻微的弧度，此设计灵感来自该湖著名的莲花。

节能设计是一个关键。整个设计围绕着如何减少能源消耗。临近的湖泊可以提供中央空调的散热器及厕所需用水量。建筑为东西朝向，当太阳角度较低时，可减少太阳能；而当太阳角度较高时，由于主立面弧形的关系，在较低的楼层，则能降低太阳能。弓形“机翼”的形体也让周围及建筑的气流更通畅，在流通区域当中，中庭也成为自然通风的场所。

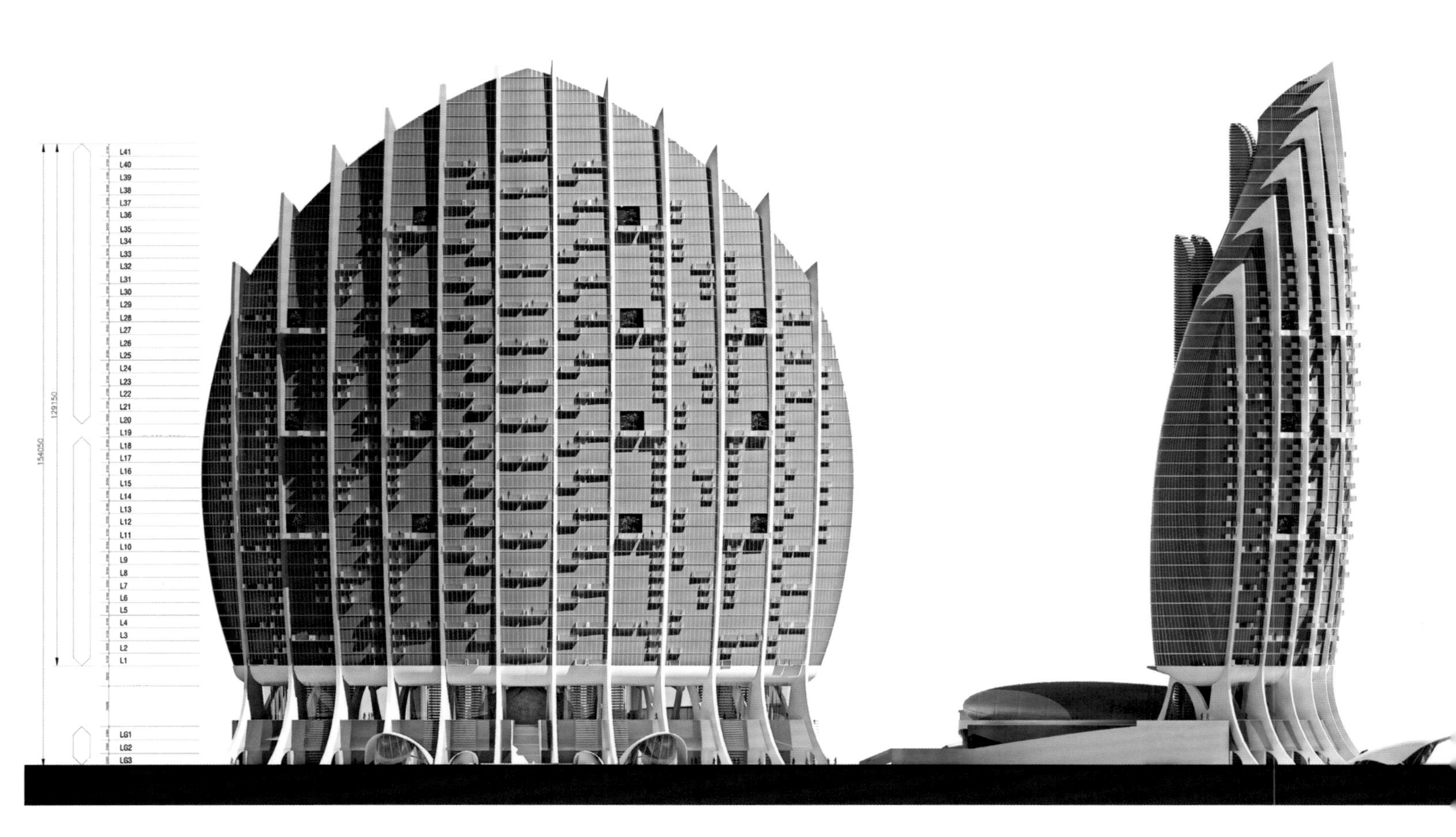
L41
L40
L39
L38
L37
L36
L35
L34
L33
L32
L31
L30
L29
L28
L27
L26
L25
L24
L23
L22
L21
L20
L19
L18
L17
L16
L15
L14
L13
L12
L11
L10
L9
L8
L7
L6
L5
L4
L3
L2
L1
LG1
LG2
LG3
154050
129150

立面图

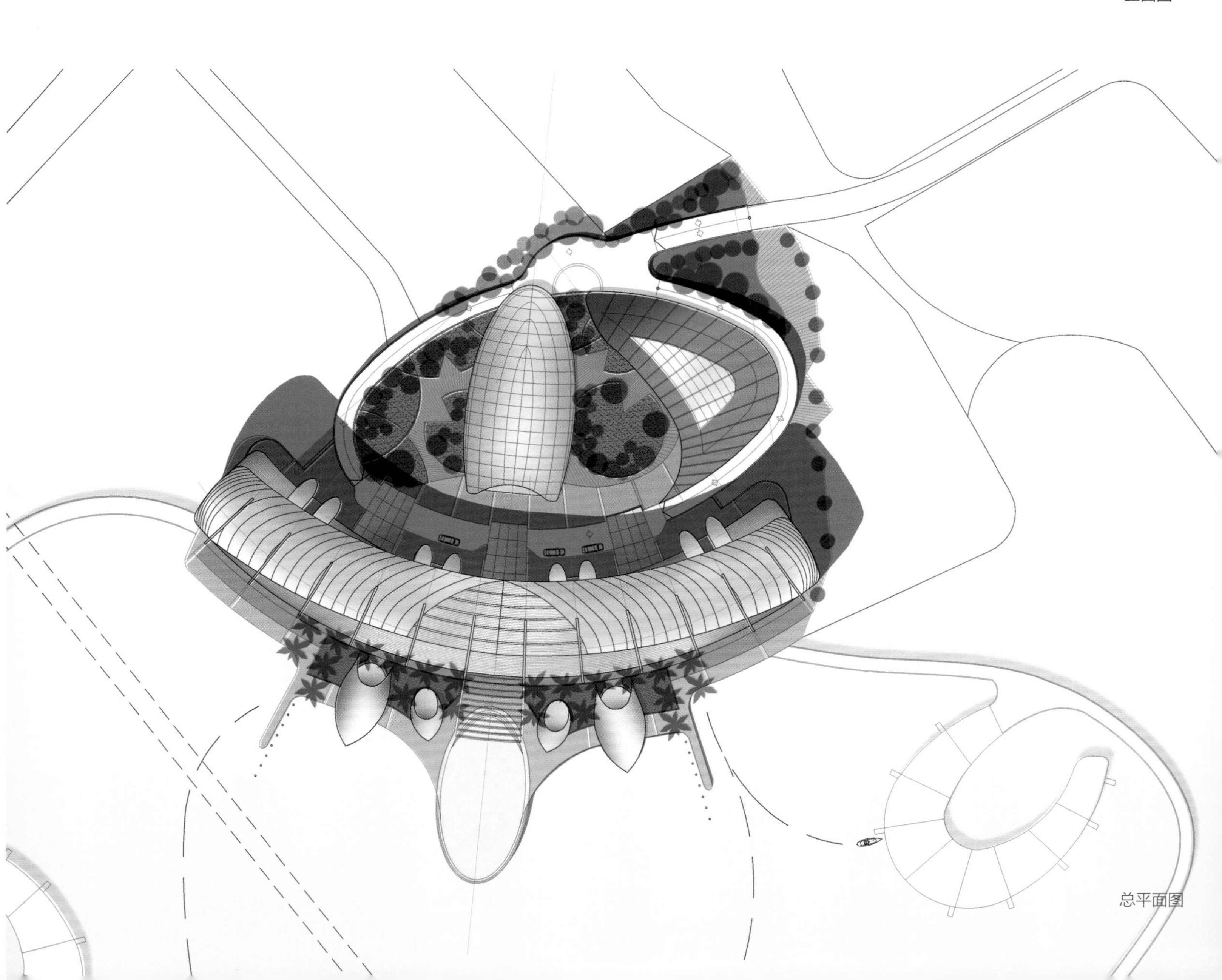

总平面图

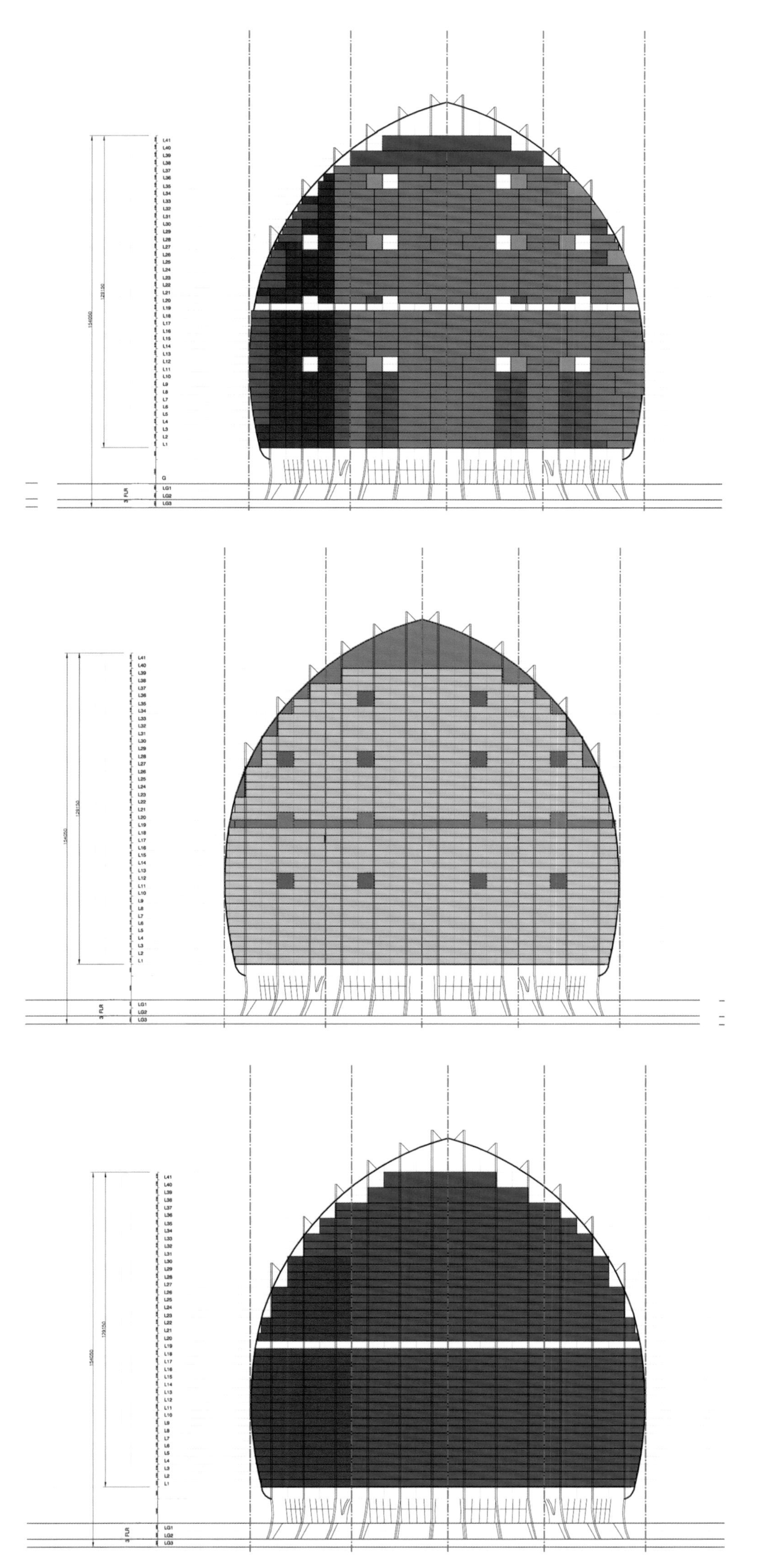

立面分析图

灌溉系统设计

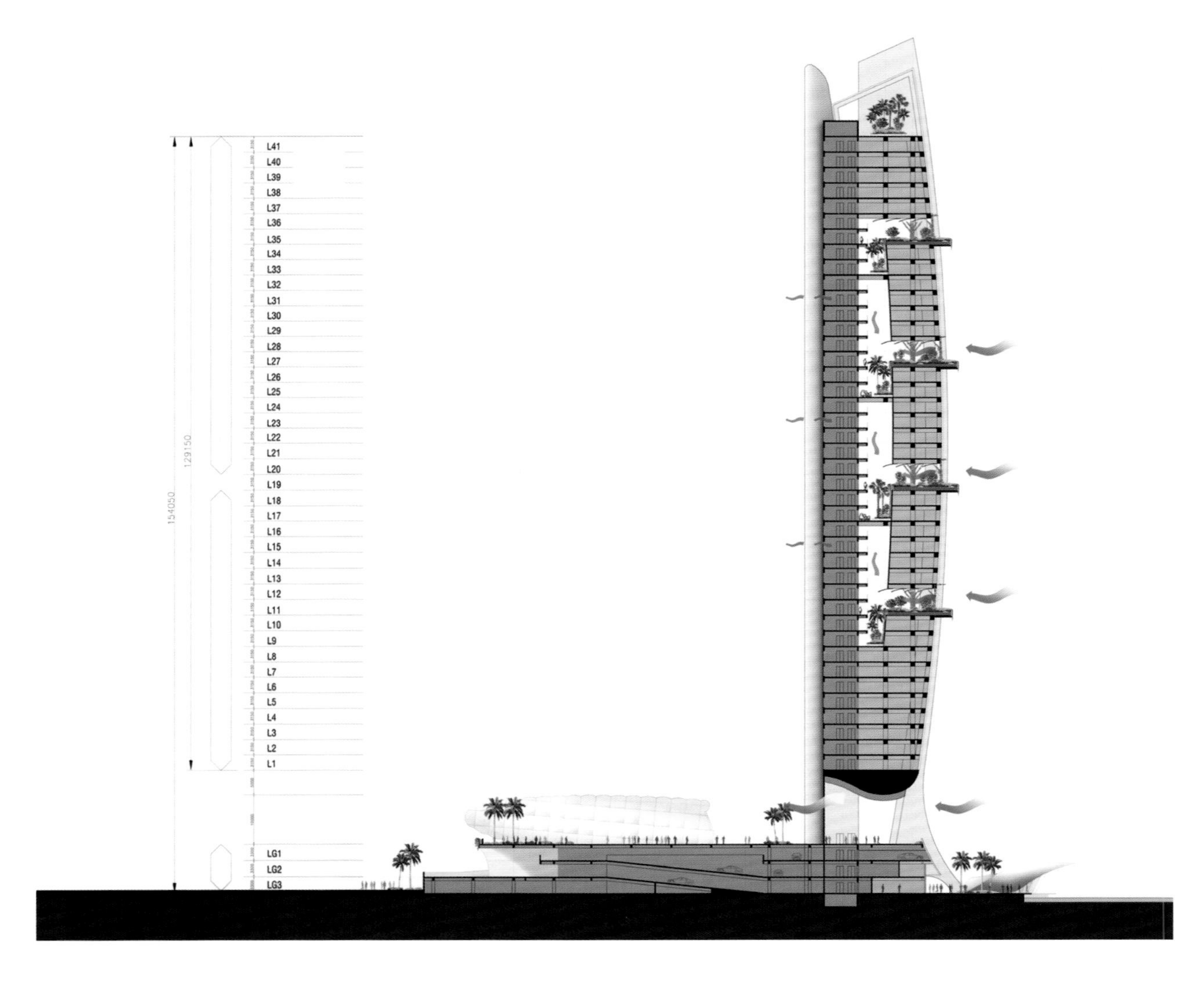

通风系统剖面

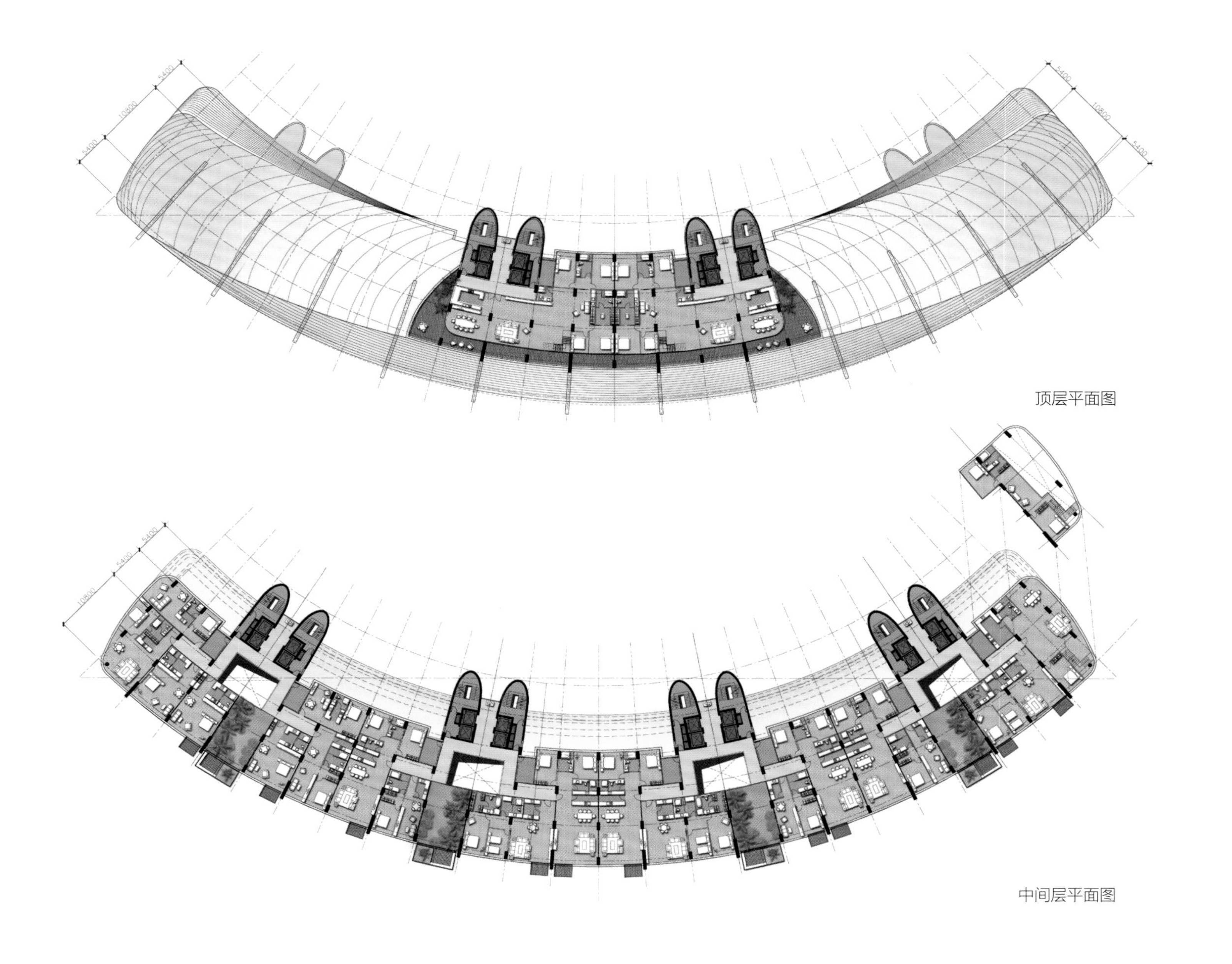

顶层平面图

中间层平面图

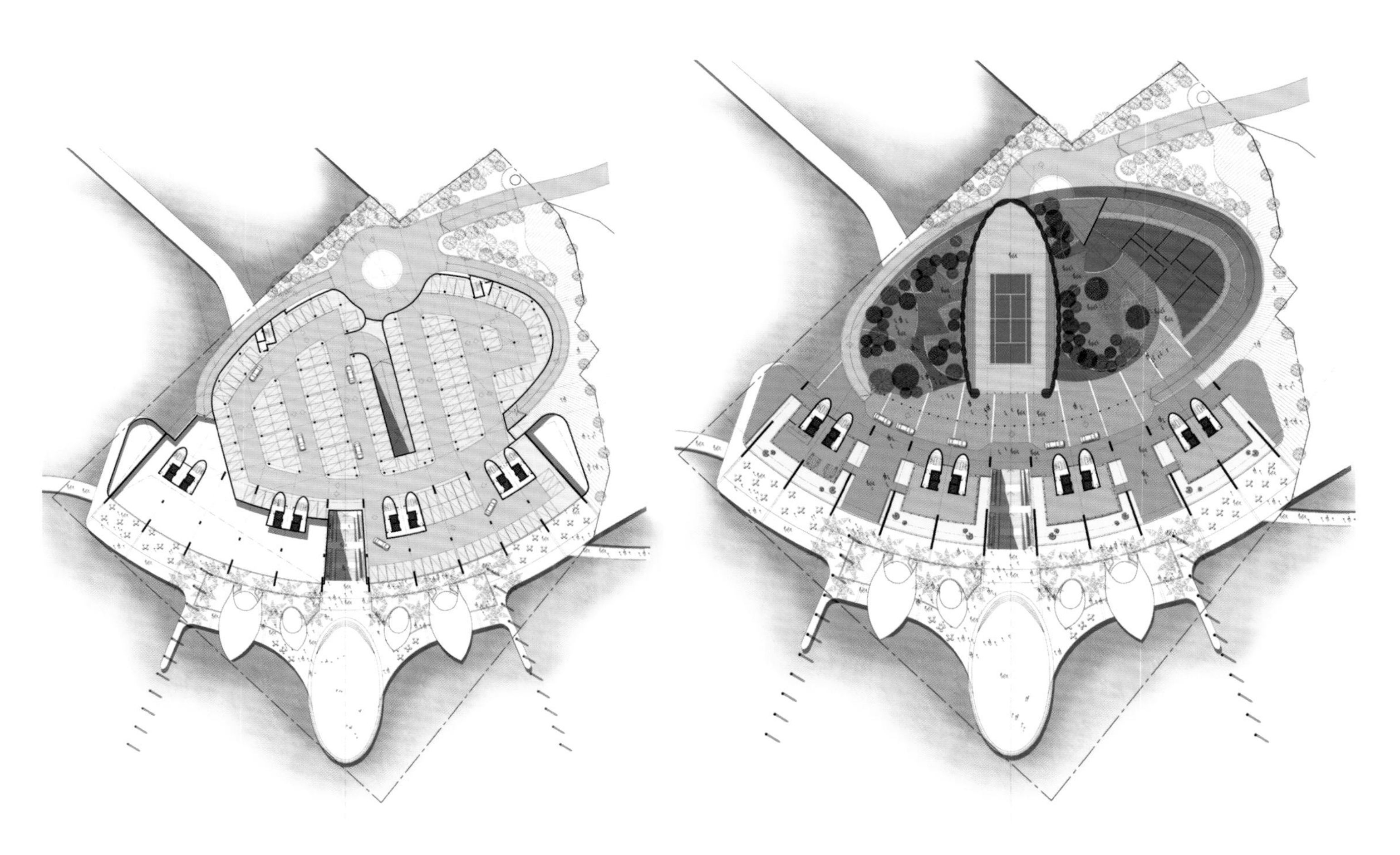

3 层平面图

4 层平面图

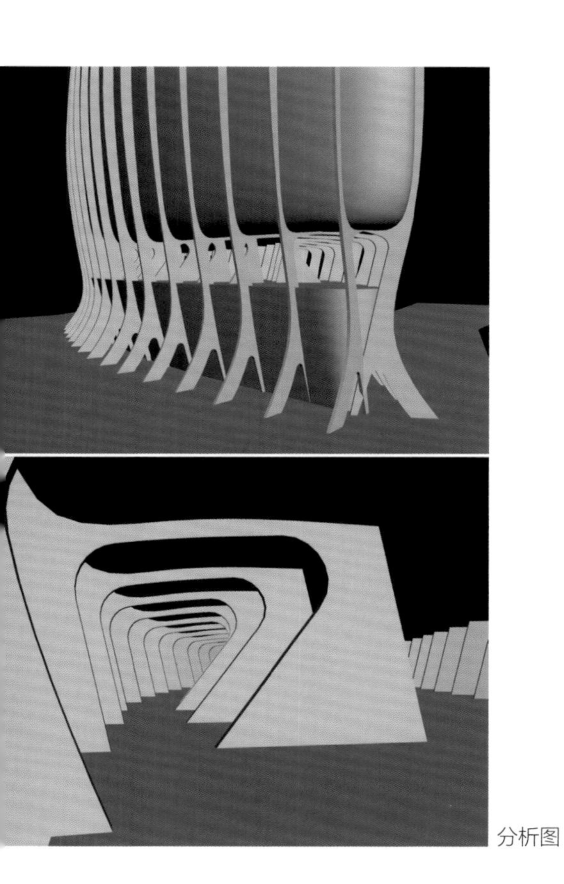

分析图

第十节　加拿大公寓

Calgary

Canada

卡尔加里

加拿大

Location

地点

研科摩天大楼

BIG

作品

专家解读公寓设计趋势

经典的 BIG 概念式处理方式，对问题的处理简单有效却又出人意料。为了满足办公空间大进深与公寓浅进深的不同需求，从塔楼底部的大标准层连续玻璃幕墙逐渐平滑过渡到上部浅进深公寓单元。从平滑的幕墙到上部逐渐切分形成每个单元的露台，整个项目从设计理念到图纸表现一气呵成。

合作方：DIALOG、Integral Group、Glotman Simpson Consulting Engineers、 LDMG Building Code Consultants、Gunn Consultants、Bunt & Associates Consulting Engineers、RSI Studio
客户：Westbank、研科通信公司、联合地产
项目面积： 69 680 m²

建筑师：BIG 建筑师团队

设计说明

卡尔加里已经发展成为一个典型的北美市中心，那里有很多被低密度的城郊公寓所包围的企业大厦。研科摩天大楼处在该中心的中央位置，是位于轻轨和主要干道交会处的一个集生活和工作于一体的综合性项目。项目为卡尔加里创造了一个更加多样化的、适于步行的城市中心。其设计目的是实现从工作到生活的无缝转换，就像从该塔楼的底部迅速上升到接近天空的顶部。工作场所中的大型地板被撤走，由此加大了公寓楼层的深度。类似的外立面肌理是由光滑的玻璃外立面演变而来的，把整个工作区域都包裹在由公寓和阳台组成的立体布局里。最终产生的轮廓展示了两个单一项目的统一性：以合理的直线形成一个曲线优美的建筑形象。

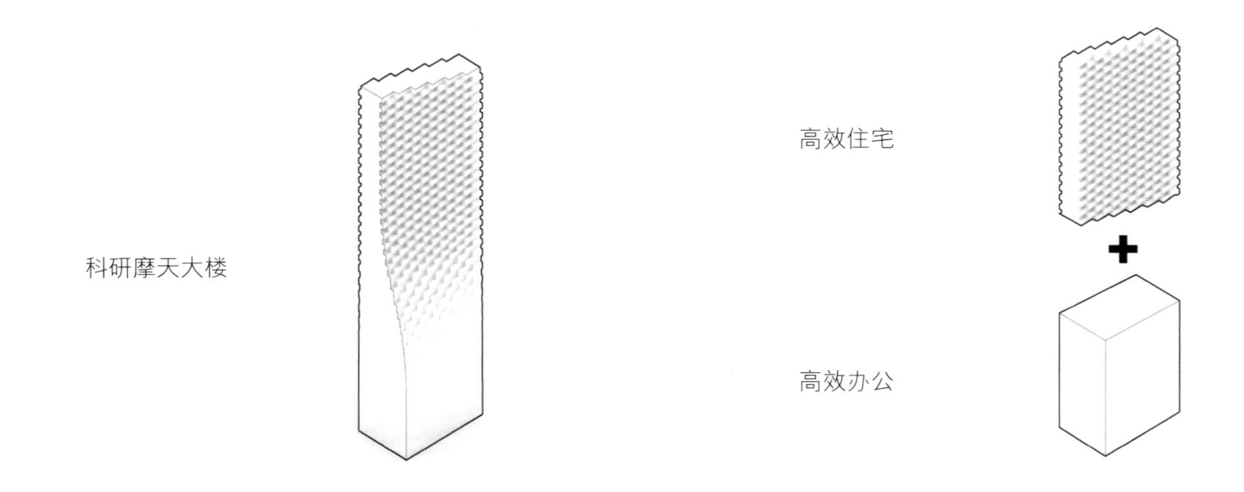

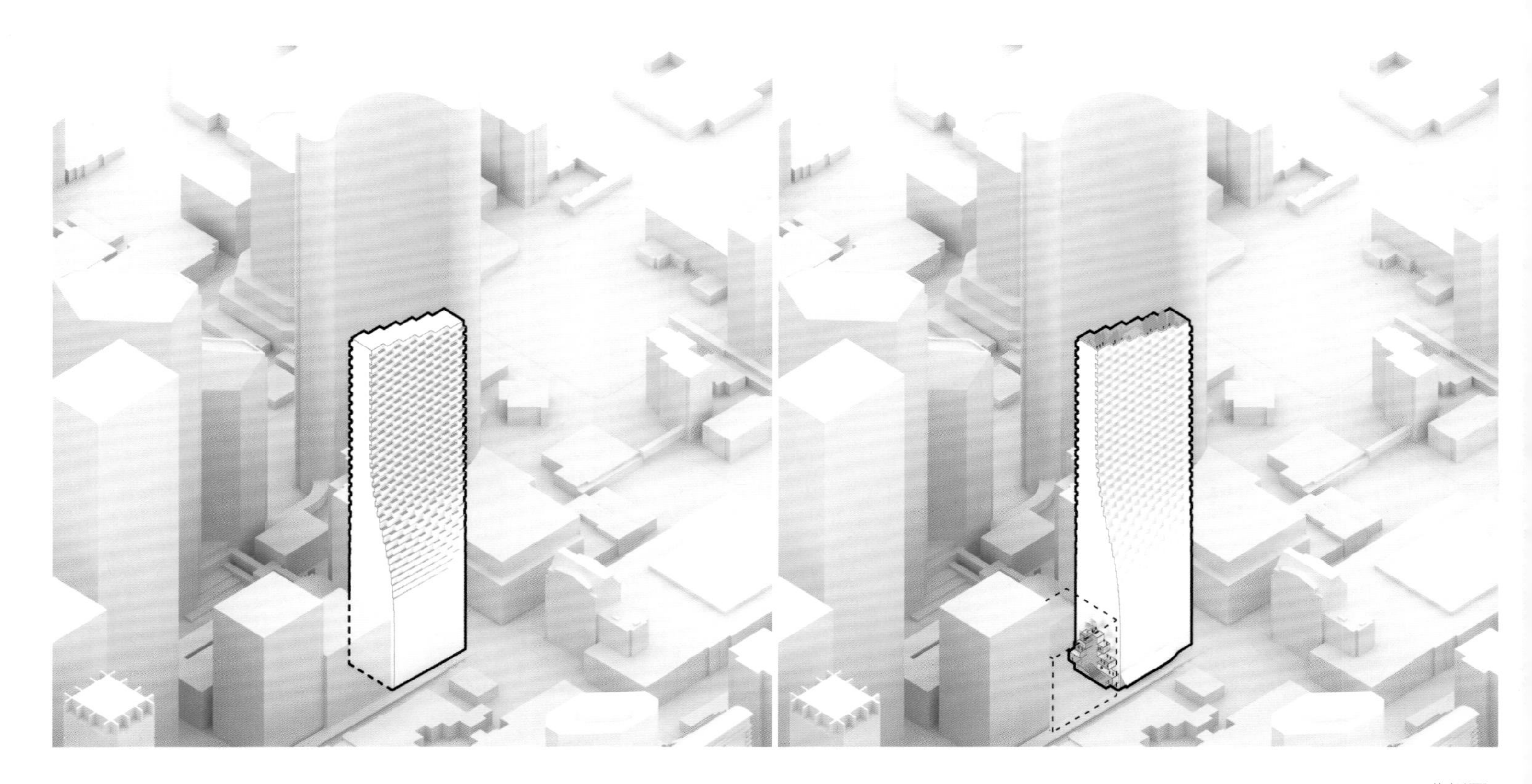

分析图

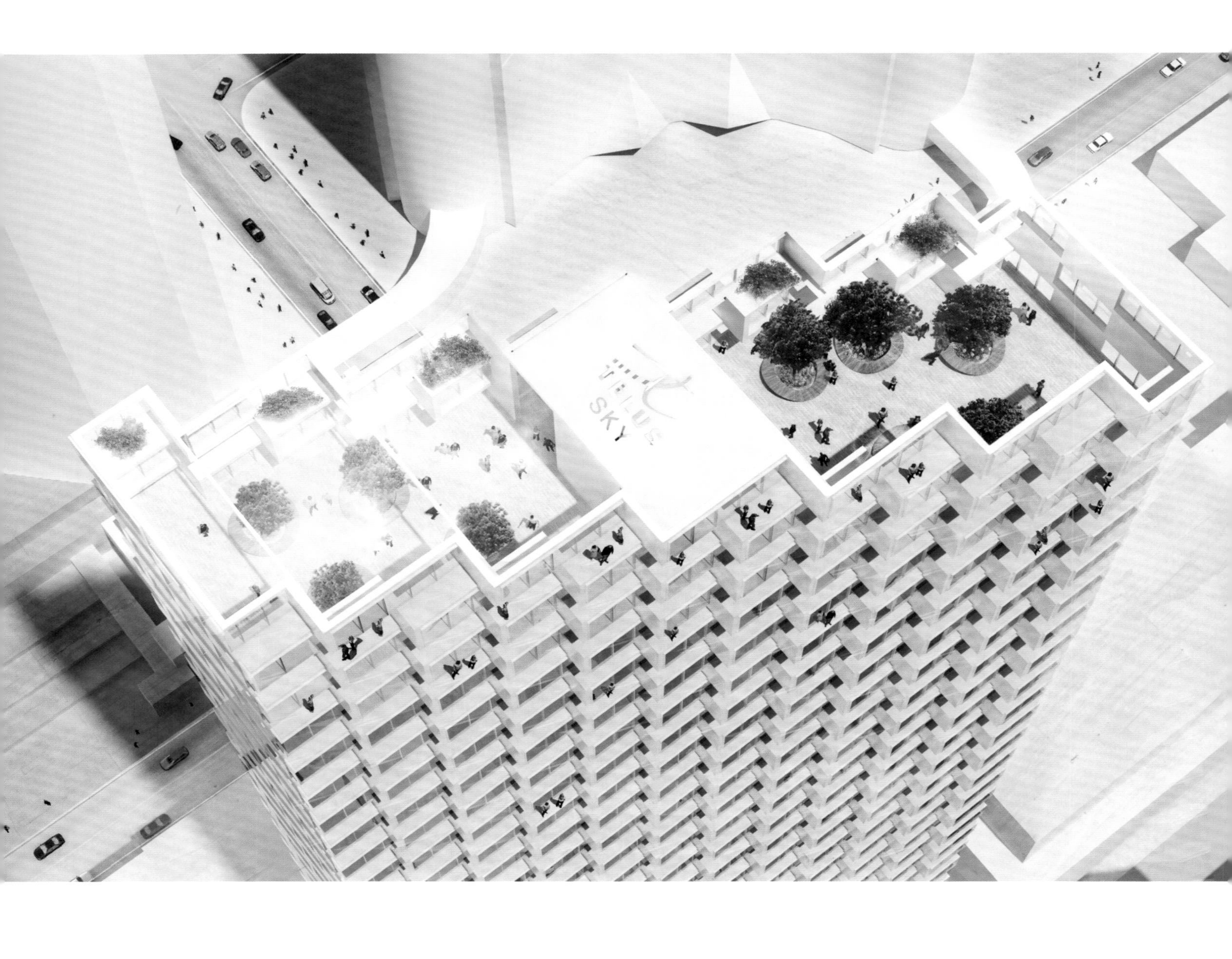

SKY

第十一节 澳大利亚公寓

Melbourne

Australia

墨尔本

澳大利亚

Location

地点

The Quays 海景公寓

McBride Charles Ryan 建筑师事务所作品

专家解读公寓设计趋势

建筑有着简洁的曲线、干净的立面，简洁的一体性特征使其成为地区的标志性建筑。对于公寓中配套的阳台，设计师没有让这个元素脱离整体感，而是以曲线形式平滑地融入整体的立面中，由此产生的肌理变化也为整体的形式增色不少。

客户：MAB 公司
项目面积：68 105 m²
摄影：Dianna Snape、John Gollings

建筑师：罗伯特·麦克布莱德（左）
黛比·瑞安（右）

项目概况

The Quays 海景公寓是 MAB 公司在墨尔本市达克兰区新港设计的多用途公寓楼。它曲折的外形宛如排列在海边的哨兵塔，坐落于著名十字路口的它形成了一个主临街面，给达克兰区带来了全新感受。这座摩天大楼不仅以一个新地标的姿态使这个重要的拐角更加闻名，同时它也从周围众多建筑物中脱颖而出，成为领头羊。

设计说明

从建筑设计的角度来说，裙楼的曲面构成了建筑的外形。曲面外形让建筑从周边都市空间中脱颖而出，同时也与周边的各类公共区域形成鲜明对比。在朝向港口步行街的那一面，大楼耸立于裙楼之上，攀向不同高度。在大厦和裙楼的底层与顶层波浪形的外立面上覆盖了犹如“像素”的立体装饰物。在底层与顶层，人们可更清楚地观赏到这一精心设计。这些直线形的特殊处理使得穿透性路径穿过裙楼，以防缺乏动感的整体统一感。

该建筑拥有 600 多套公寓，配套设施包括健身房、游泳池、水疗吧以及住户休闲室，更大型的开发项目则同时设有酒店式公寓、屋顶康乐场地休憩平台、多种零售商店等设施，旨在建立一个多功能大楼，以缩小达克兰地区与主城的差距。

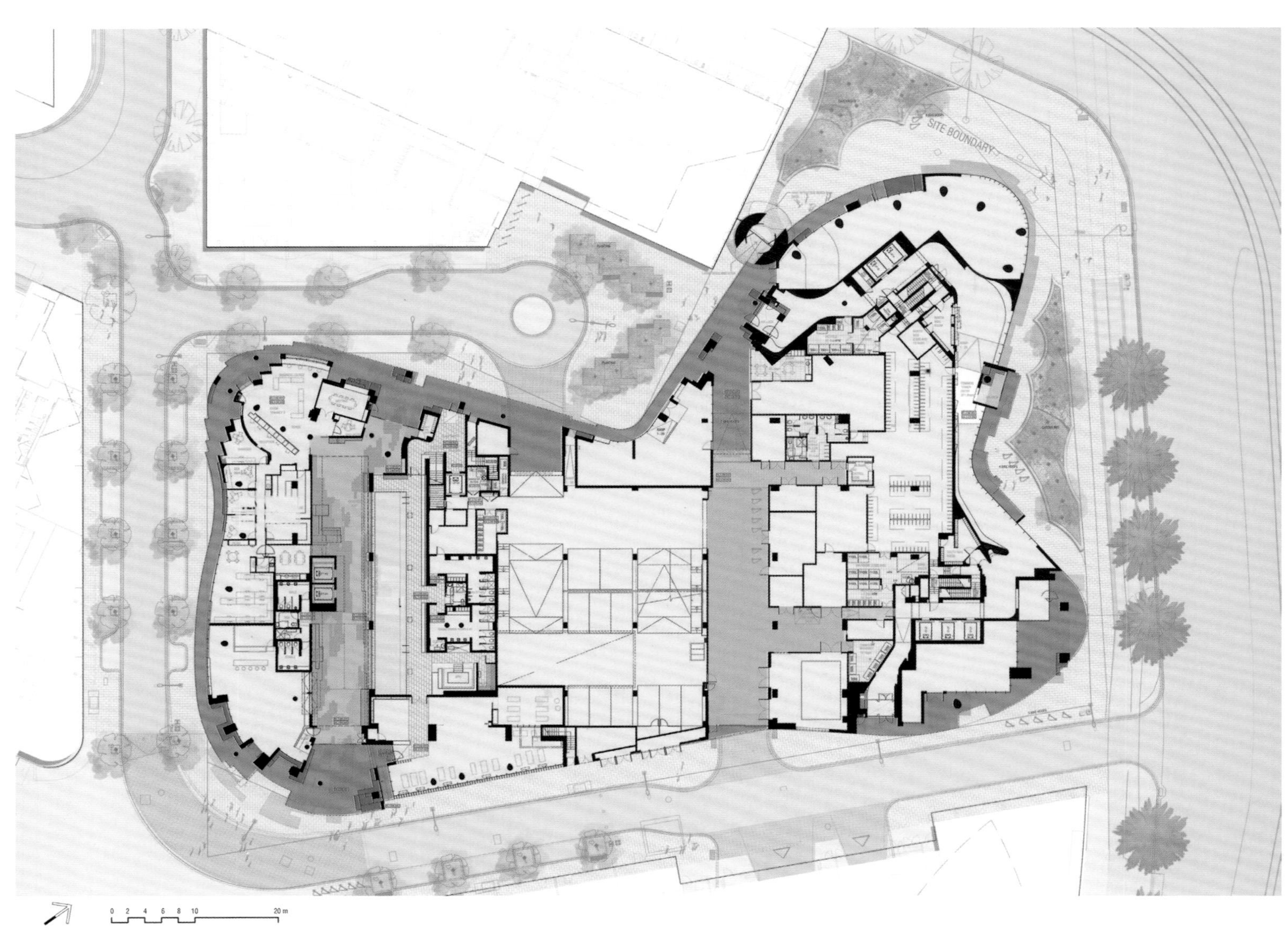

首层平面图

SEBEL

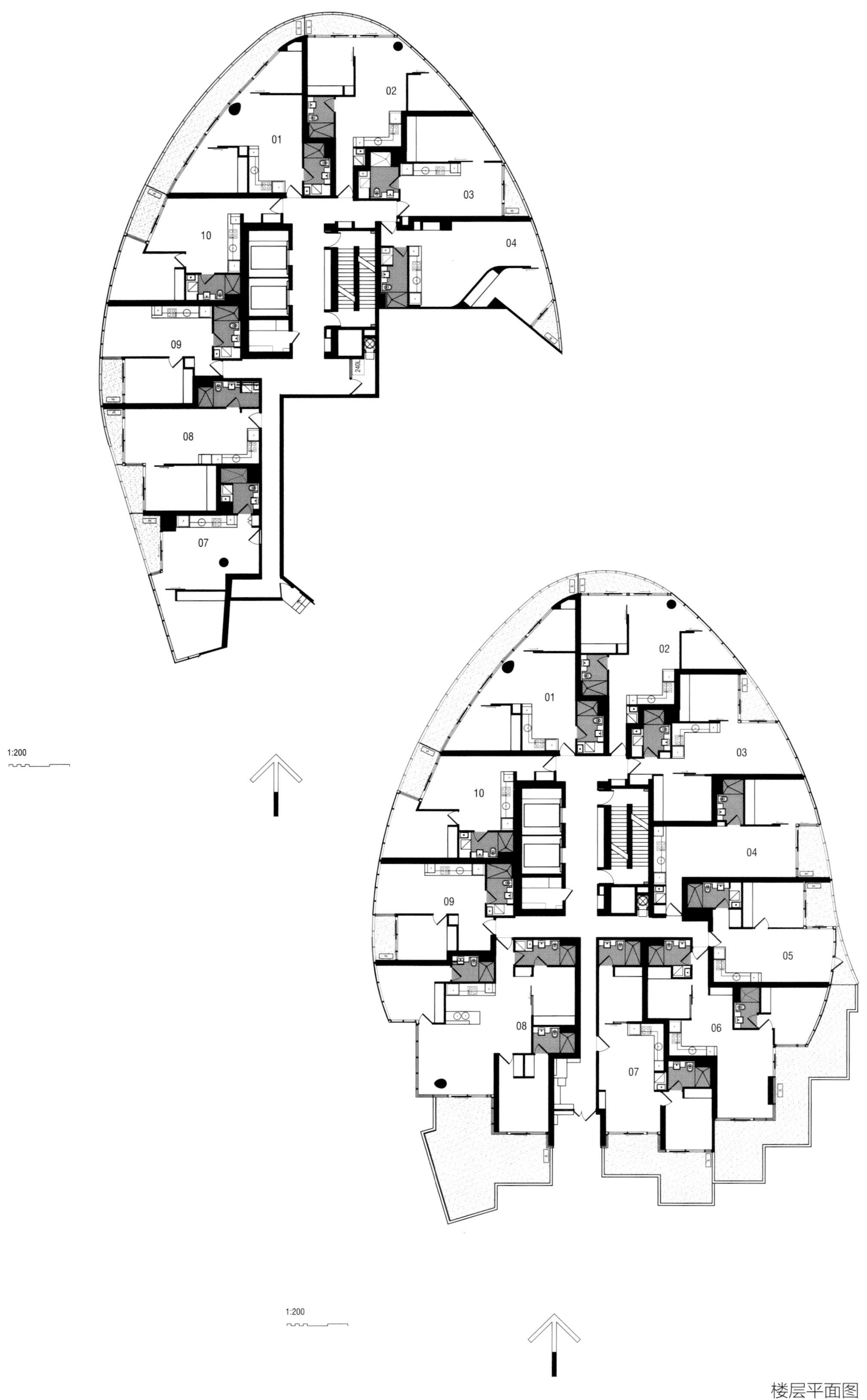

楼层平面图

CINEMA

第十二节 巴西公寓

Sao Paulo
Brazil

圣保罗
巴西

Location
地点

Itaim 大楼

FGMF 建筑师事务所
作品

专家解读公寓设计趋势

现今公寓建筑设计的一大前卫趋势是不同于以往内向性、私密性的设计理念，越来越强调城市环境的融入，强调一种更加自然、开放，开敞的设计理念，也更加强调邻里之间的视线交叉，本案就是这种设计趋势中的尝试。

项目地点：巴西圣保罗
占地面积：2 512 m^2
建筑面积：20 545 m^2
团队：Fernando Forte、Lourenco Gimenes
Rodrigo Marcondes Ferraz

项目概况

该项目建于城中一处最繁华的地带，与公园隔街相望，面向远处一个低密度的环保社区。

设计说明

这个高端公寓项目主要有两层和三层公寓，每套公寓面积 882~1066 m^2 不等。该建筑包括两座醒目的垂直楼体：南楼有卧室及服务设施，雅致静谧；北楼与其周边的稍显严肃的建筑形成对比，由不同尺寸和形状的水平“薄片”构筑而成，有客厅、阳台、夹层和露台。

这些“薄片”能够屏蔽来自皮涅罗斯高速公路的噪声，“薄片”之间充足的空间足以将建筑内部空间和外部景观相连，形成视觉连续性。为了获得最大的容积率，“薄片”按规范累进后退以便扩展其周围的视觉空间，形成最大化的商业销售区且不影响建筑质量。

后退所扩展的视觉空间成为一种节能设计，交错的板材在形成丰富的空间时又是巨大的百叶窗，遮蔽着建筑的北立面，减小了西晒的阳光，而西面又是风景最好的一面。因此这项设计使得客厅成为朝向景观的完全透明的空间，阳台成为流动的空间，与南楼截然不同。

南楼是整浇混凝土结构，卧室的预制板既可作为下层的挑檐，又可作为本层的阳台。垂直塔楼下方是水平悬臂结构，形成的一个正面是玻璃边框的泳池，还配套设置了桑拿房、健身房和日光浴室等休闲设施。这些悬挑的设施使得南楼像漂浮在花园之上的“船”。

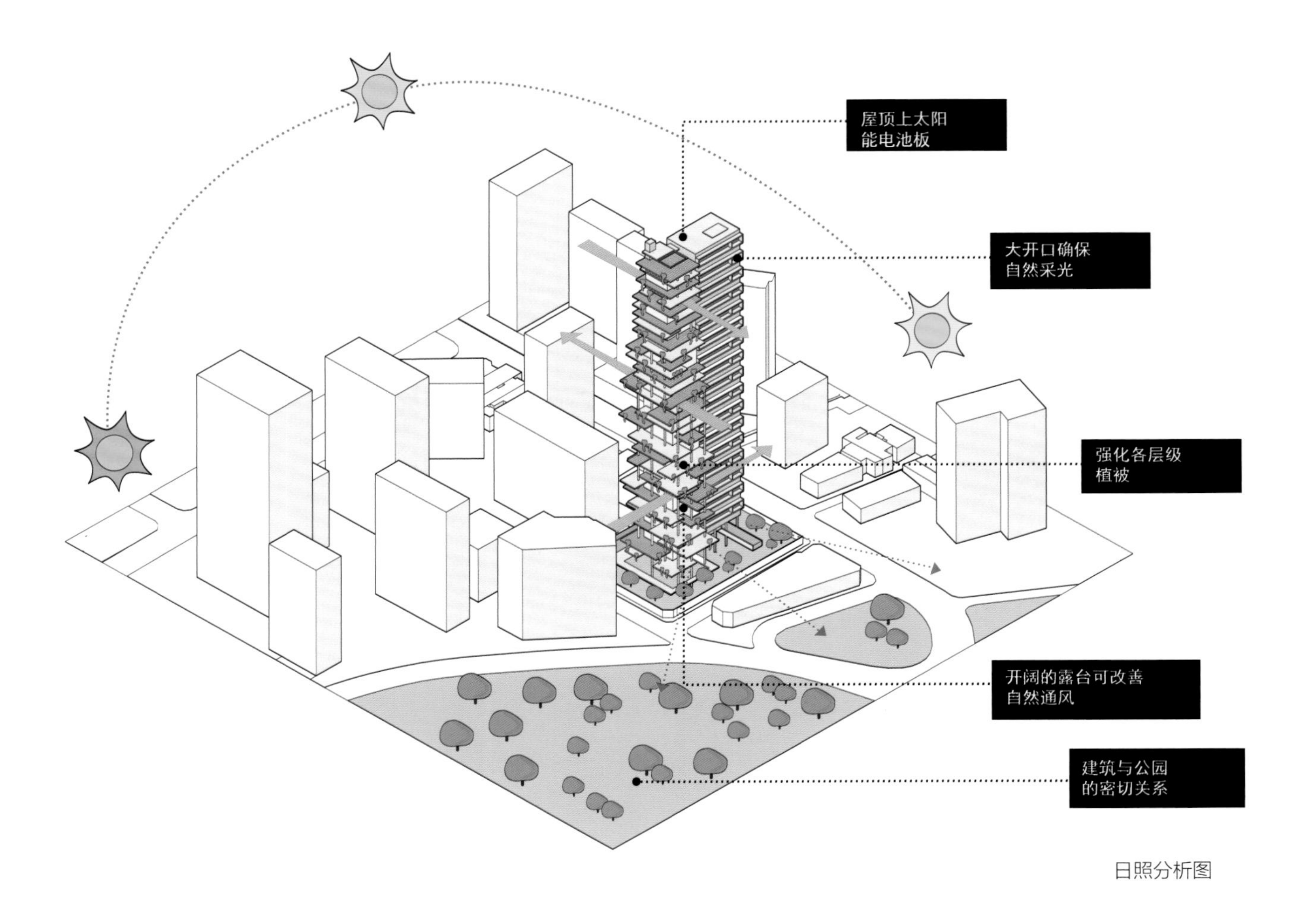
屋顶上太阳
能电池板
大开口确保
自然采光
强化各层级
植被
开阔的露台可改善
自然通风
建筑与公园
的密切关系

日照分析图

0 5 10 50

立面图

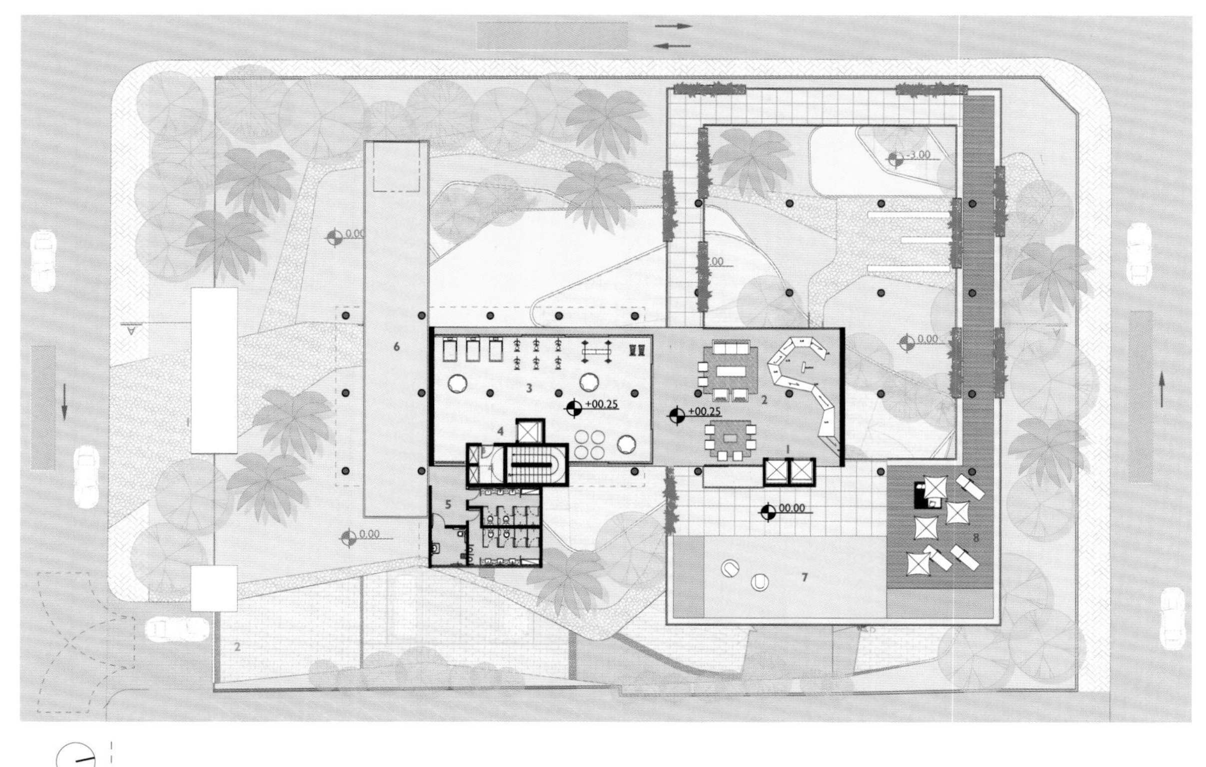

1层平面图

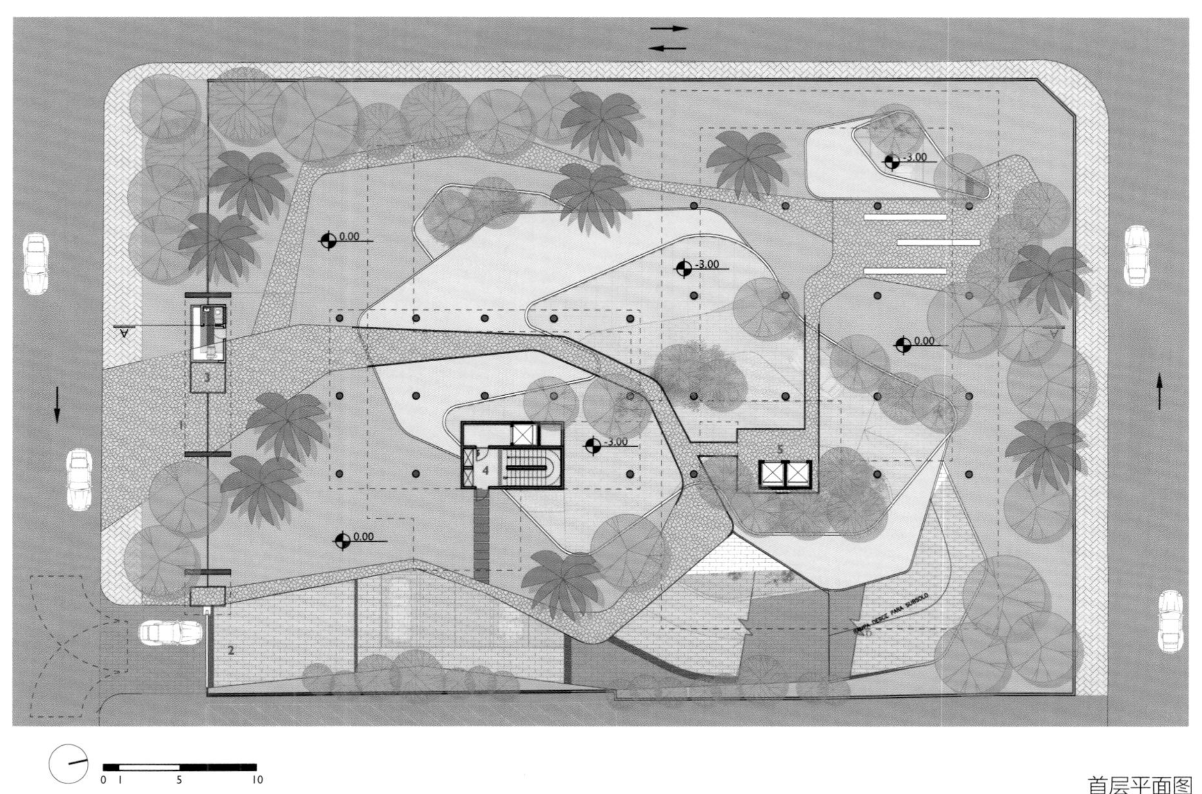

首层平面图

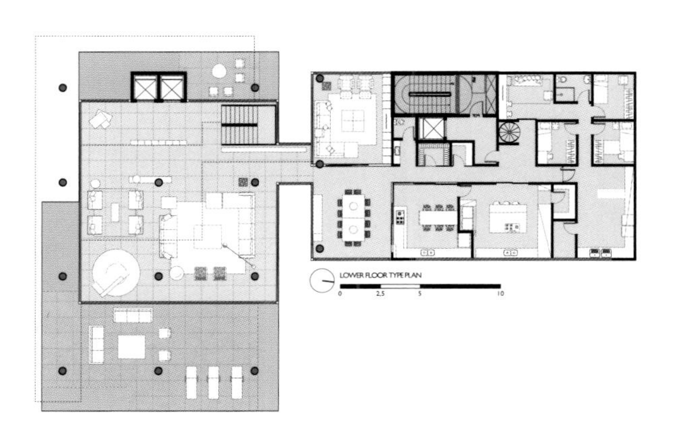

复式下层标准平面图

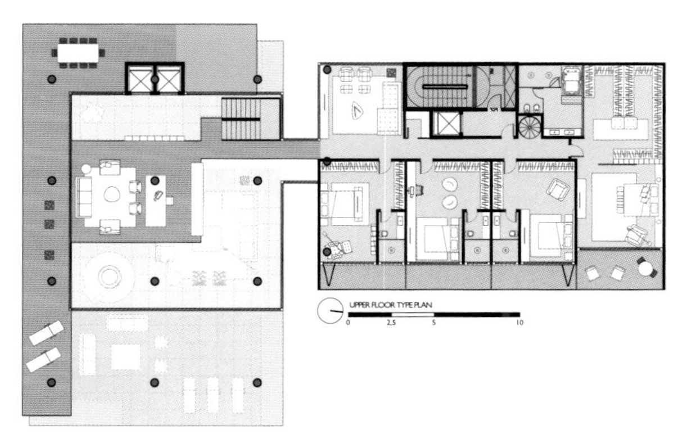

复式上层标准平面图

London

UK

伦敦

英国

Location

地点

卡纳莱托大楼

UNStudio

作品

专家解读公寓设计趋势

地处一个拥有丰富景观资源的地块中，项目的亮点在于其流动的外形背后所精心创造的各种大大小小的露台和半室外空间，从私密的可放置室外双人床的露台到公共的顶层酒吧露台不一而足。这种扩展性的空间逐渐成为超高端公寓租售的一大亮点。

客户：Orion City Road Trustee Limited
开发经理：Grovewohd Ltd.
建筑面积：21 907 m²
项目：31 层公寓、190 套公寓单元

建筑师：本 · 范 · 伯克尔

项目概况

城市内湖是伦敦较大的开放水域之一，面积约为 10 117.14 m²，拥有的环湖土地面积约为 34 398.28 m²。

作为雷金特运河网的一部分，城市内湖将大运河的帕丁顿段、莱姆豪斯湖和泰晤士河连通起来。城市内湖开挖于 1820 年，主要用于当地煤炭和建筑材料等货物运输。在 20 世纪早期，随着贸易运输转向铁路，运河网渐渐被冷落。由于内湖的商业性质，它一直为私人拥有，不允许公众进入。随着海运量的减少，城市内湖流域的周边地区失去了与它相关的商业用途。2004 年伊斯灵顿区议会通过了城市道路总体规划并开放了该地区，很多公共开放区域，包括城市内湖广场得以创建。由于位于水岸便利的地理位置极具吸引力，该地区已经成为广受欢迎的公寓区。

co-operative

设计说明

卡纳莱托大楼是一种全新的建筑。这里有风景优美的公共区域和露台，露台是 24 层天空酒吧的一部分。

一个个极富英伦风情的阳台是该建筑的重要组成部分，它们扩大了公寓的室内空间。阳台类型从 $2m^2$ 的小阳台到 $11m^2$ 可容纳一张双人床的大阳台，应有尽有。

每个单元都有先进的加热和冷却系统，单元独立控制 。起居室和卧室的风机盘管设计在天花板内。所有房间都采用地暖供热。分单元独立计量制冷供暖。高效、集中的制冷和地暖设施，使居民从低能耗中受益。

具有高性能防晒涂层的落地玻璃能够最大限度地隔热、透光。光控窗帘自动遮挡强光。玻璃的厚度适当，隔声效果良好，可以保证居民居住的舒适性。

公共设施包含大堂、电影院、游泳池和水疗中心以及健身房。此外，休闲游戏区位于 24 层的居民俱乐部。

该项目达到了可持续发展的公寓四级水平。每个单元都有各自的工程等级（A 或 B）。

第十四节　法国公寓

Montpellier

France

蒙彼利埃

法国

地点

Location

“白树”集合公寓

藤本壮介事务所和

Nicolas Laisné Associés

ManalRachdi Oxo Architects

作品

专家解读公寓设计趋势

“白树”集合公寓这栋看似疯狂的树状造型建筑，为顾客提供了独一无二的、惬意的居住体验。超大型阳台创造出新的城市户外休闲生活方式。

开发商：Promeo Patrimoine
Gilbert Ganivenq、Cyrill Meynadier
Evolis Promotion
Francis Lamazère、Alain Gillet
景观设计：Bassinet Turquin Paysage
占地面积：10 225 m²
建筑面积：20 545.09 m²

建筑师：藤本壮介

项目概况

这个“21 世纪疯狂的建筑”的创意主要源于日本和地中海。这个跨文化的设计体现了现代的蒙彼利埃。它是两代建筑师——日本藤本壮介事务所以及法国青年代表建筑师 (Manal Rachdi Oxo、Nicolas Laisné Associés) 合作设计的作品。其他的公司也参与了这项独一无二的设计，如蒙彼利埃的开发商 Promeo Patrimoine、Evolis Promotion 以及当地担保这一标志性建筑将会代表这一地区的成功的股东。

这一新的综合性塔楼名为“白树”，是专为公寓、餐厅、艺术画廊、全景酒吧和公共区域设计的一座大厦。从项目概念设计阶段看，建筑师大量的灵感来自蒙彼利埃传统的户外生活。塔楼位于市中心以及 Marianne 与 Odysseum 港口的新兴发达地区的最佳位置，介于“新”“旧”蒙彼利埃之间。

设计说明

项目坐落于Lez河、高速公路和Octroi de Montpellier两岸与政府赠地的人行自行车道这几条主干道的交叉路口。这座塔楼的选址是为了融合与顺应其周边环境，恰当地赋予它更多品位。这座17层的高层塔楼占据了蒙彼利埃的天际，使这座塔楼中的人们可以一览海景、Pic Saint Loup山、连绵不断的城市以及Lez河沿岸的广袤之地。

尽管这座塔楼的名字是“白树”，但它绝不是一座象牙塔。它是城市乐章中的一个音符，注定是一个属于蒙彼利埃每个人所共有的塔楼。从地下餐厅和艺术画廊到顶楼酒吧（也是瞭望台），它顾及到了这座城市里的每一位居民和游客。

这条可行的通道是蒙彼利埃人自豪感和游人兴趣点的源泉，使这座塔楼更加有吸引力。在所有人看来，这座塔楼对其居民来说是必不可少的，因此在该建筑的公共酒吧里增加了共有空间，可供来自每一层的居民尽情享受如私人订制般的优美风景。

“白树”吸收了地中海以及日本文化的特点，有密集却通透的外围，房间与阳台之间的界限模糊。它拥有独特的外形和设备齐全的生活空间，拥有前所未有的进深以及配备齐全的空中花园，花园占据了一半以上的空间，而这些空间都是用来安排居住单元、植物、桌子、椅子、凳子和贮藏室的。

公寓内外的空间差别不大，住户可以自由地穿梭其中。阳台如同展开的叶子，沐浴在温暖的阳光下，把住户的目光吸引到户外。

将来的住户寻找的并非单纯的一套引人注目的公寓，而是一处综合住所。建筑师力求设计可供住户自由选择的建筑，并把这视为支撑未来公寓的趋势。这个趋势是当民众买房时，都是从一个“公寓”着手，并非局限于成品、严密的布局以及交钥匙空间。相反的是，公寓被赋予更多可能性，通过一个可选择特性和楼层平面的目录，住户可以选择模块化的内部空间。这座塔楼如同一棵大树，汲取当地可利用的自然资源，大量地降低它需要消耗的能源。它还会策划出一些被动式能源策略使人感到舒适实用，调节对环境的影响，减少排放量。一个非传统和双向的工艺使太阳能壁炉可以为公寓单元体降温。

蒙彼利埃“白树”是当地最高的“疯狂”的建筑物，并且正在成为城市的焦点，成为整个城市夜空里的灯塔或者如指明灯一样的地标。周围地区独特的景色，是赐予城市里每一位居民和游客的礼物。从景色延伸出去的那一点起，一切景象都将出现在你的视野内：大地的轮廓、宽阔的水域、远处的土地以及蒙彼利埃丰富的历史遗产。

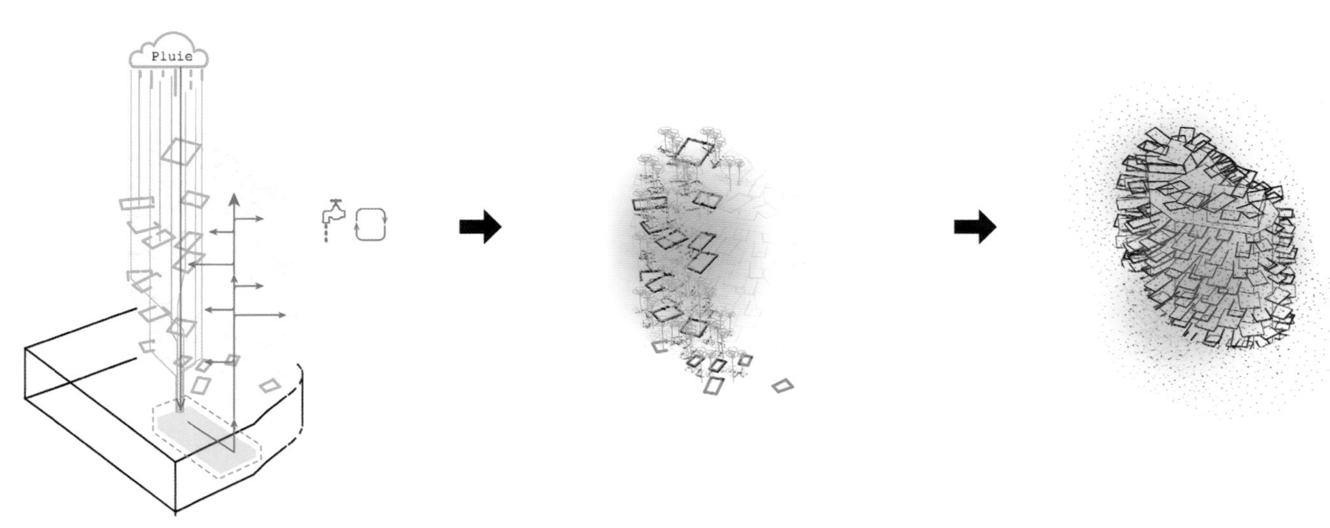

分析图

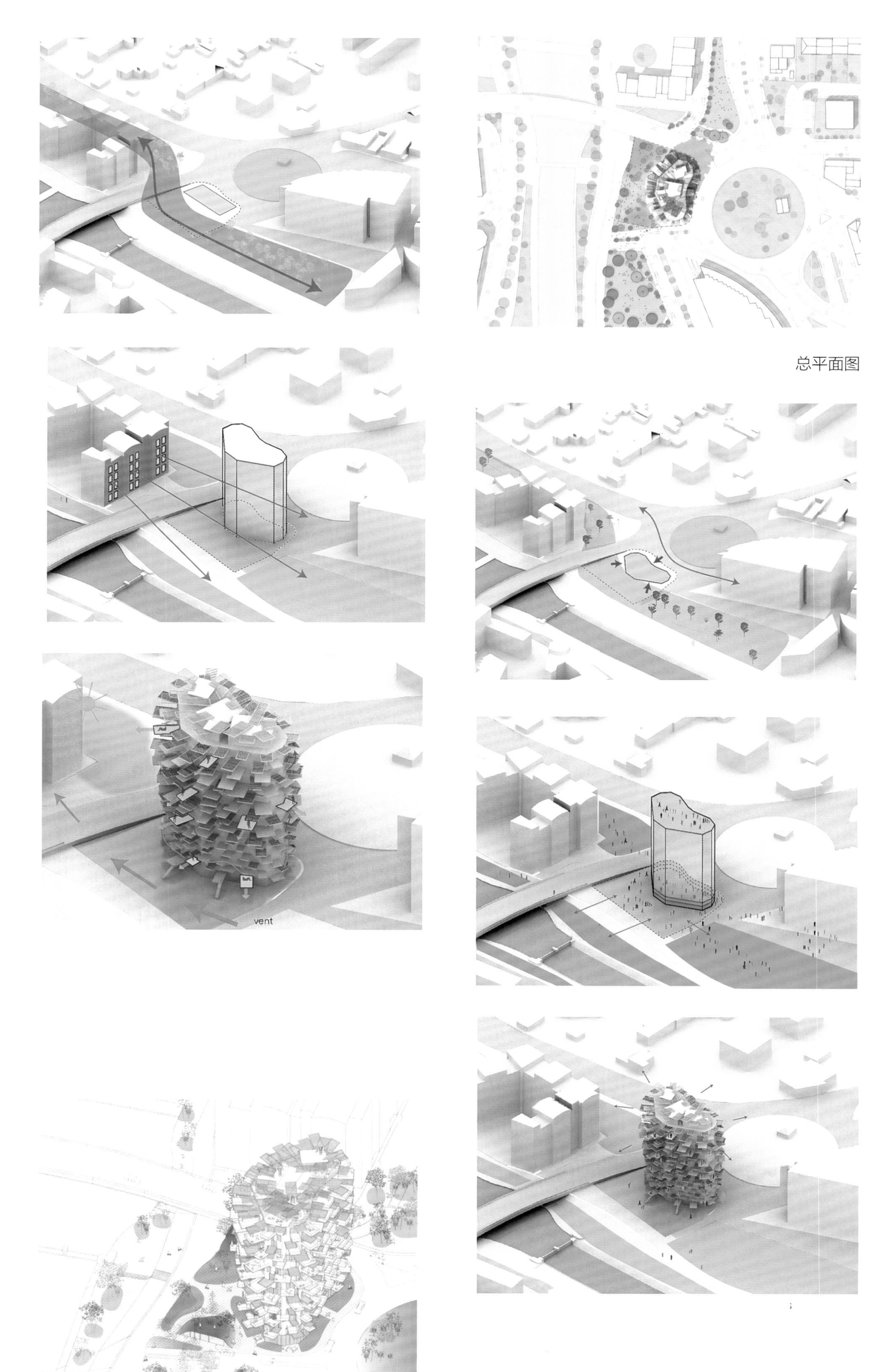

总平面图

造型分析图

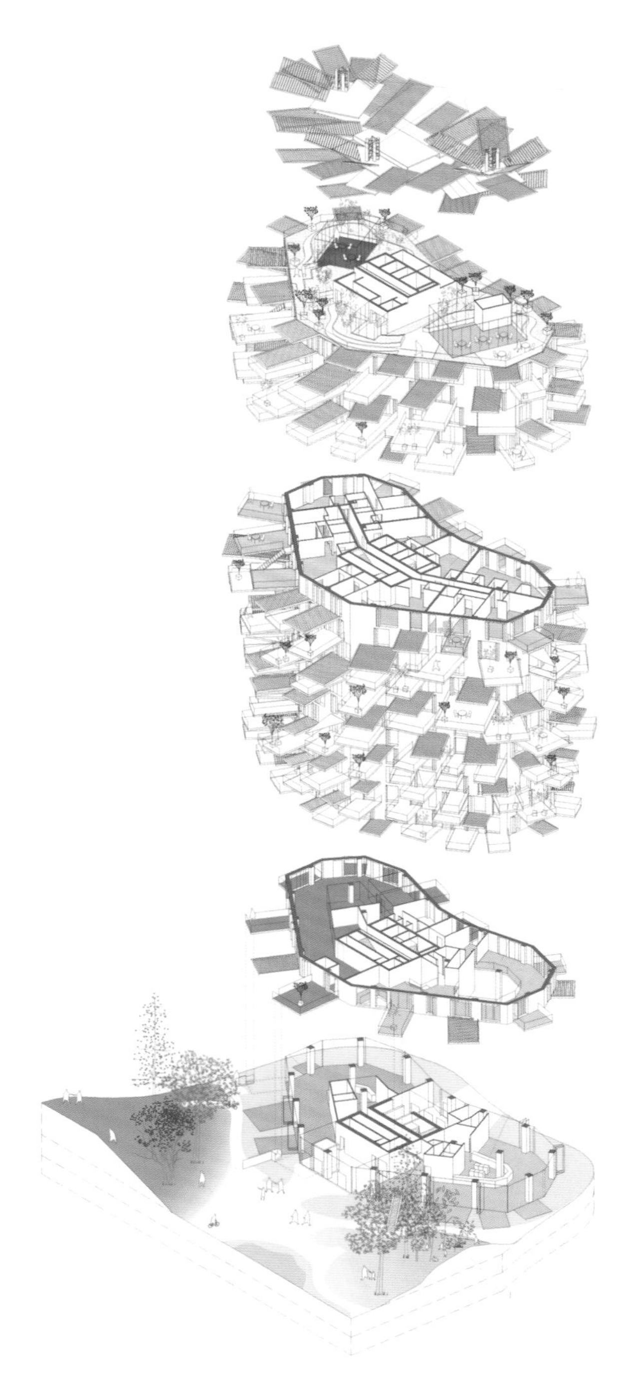

轴测分析图

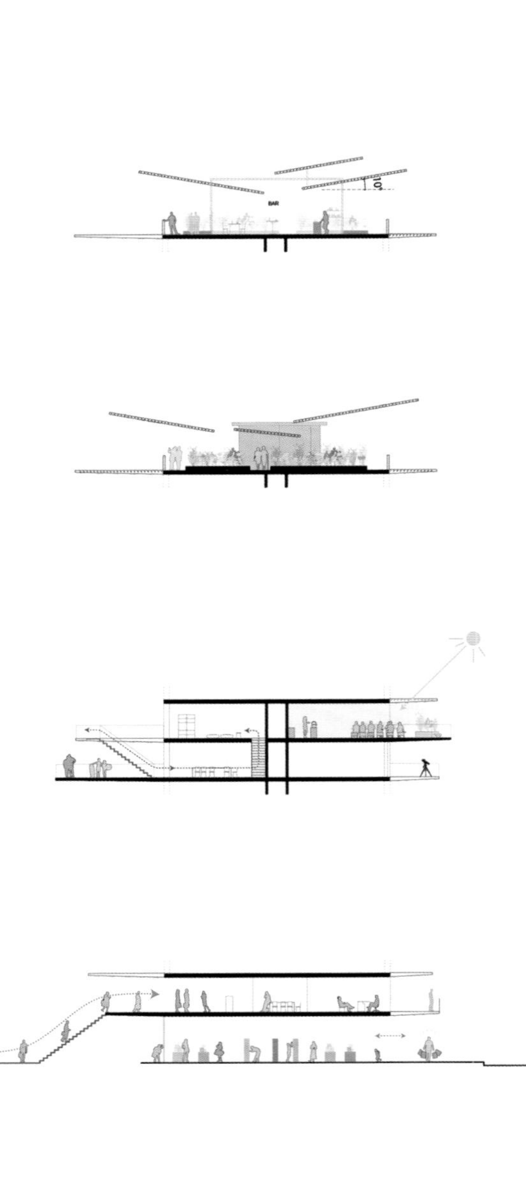

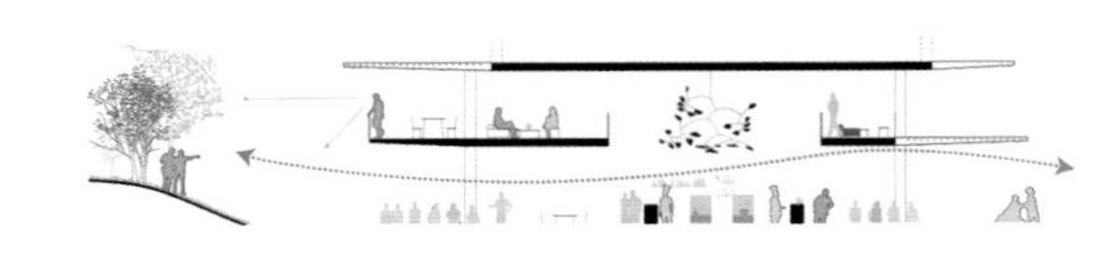

开放空间示意图

剖面图 A-A

西立面图

南立面图

5 层平面图

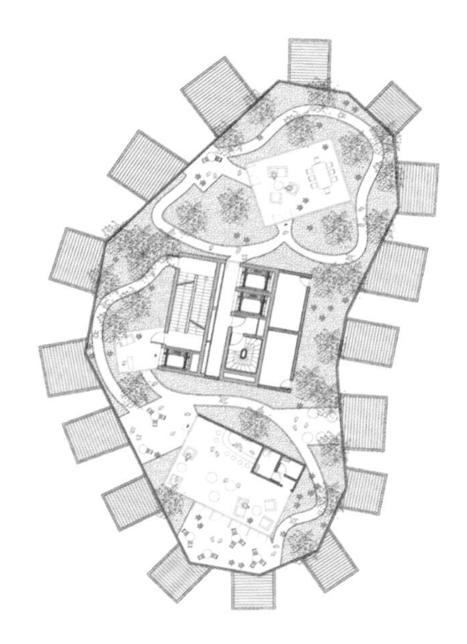

屋顶平面图

1 层平面图

12 层平面图

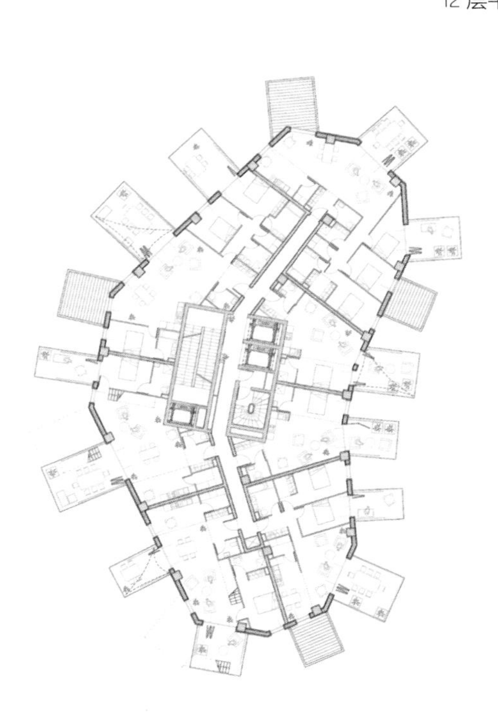

11 层平面图

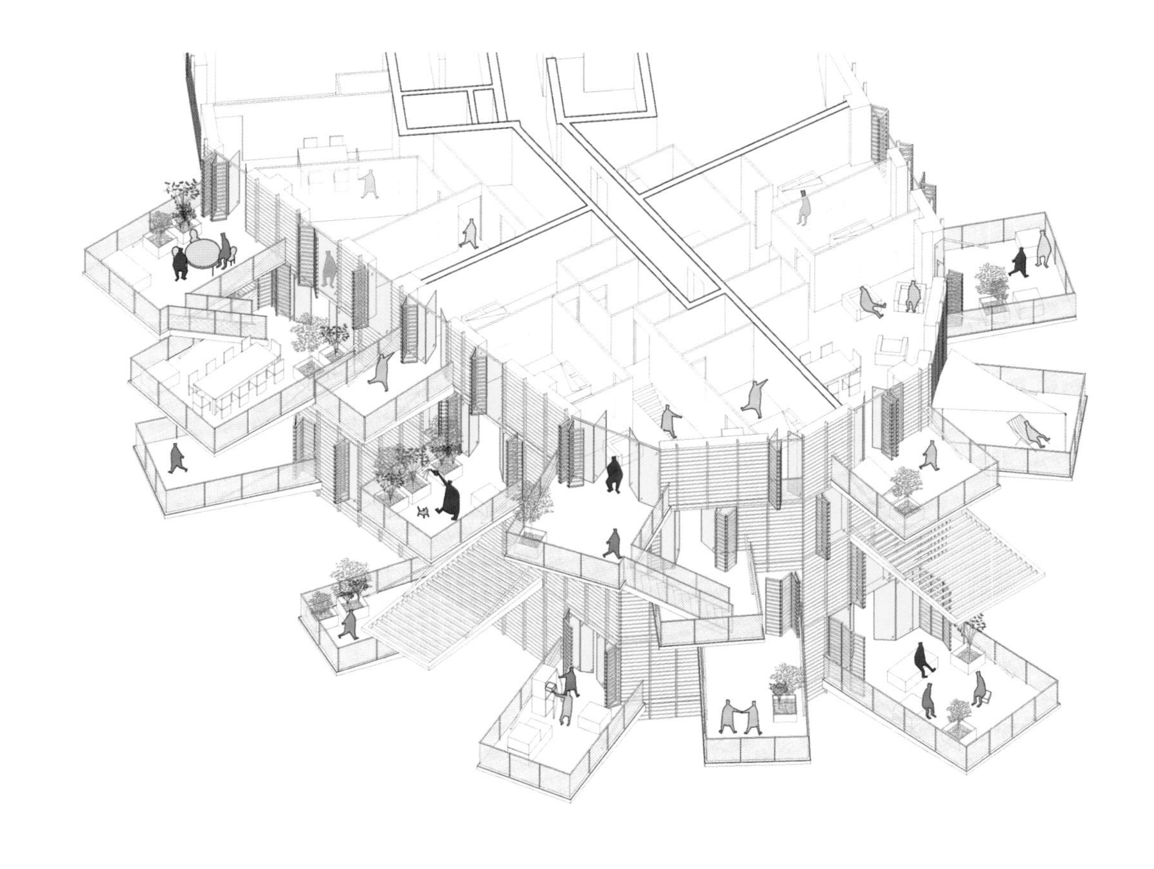

阳台等轴测图

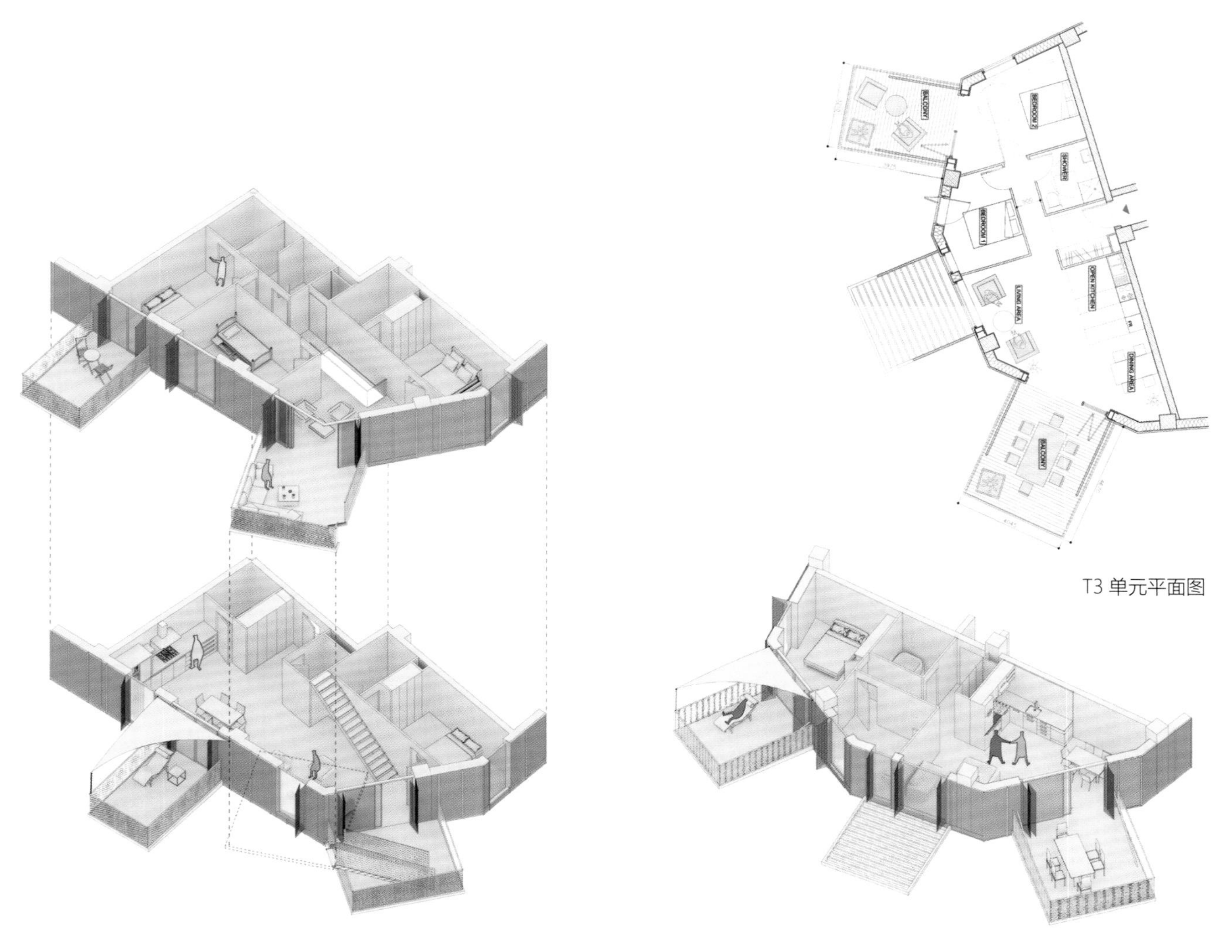

T3 单元平面图

T3 单元等轴测图

T3 单元等轴测图

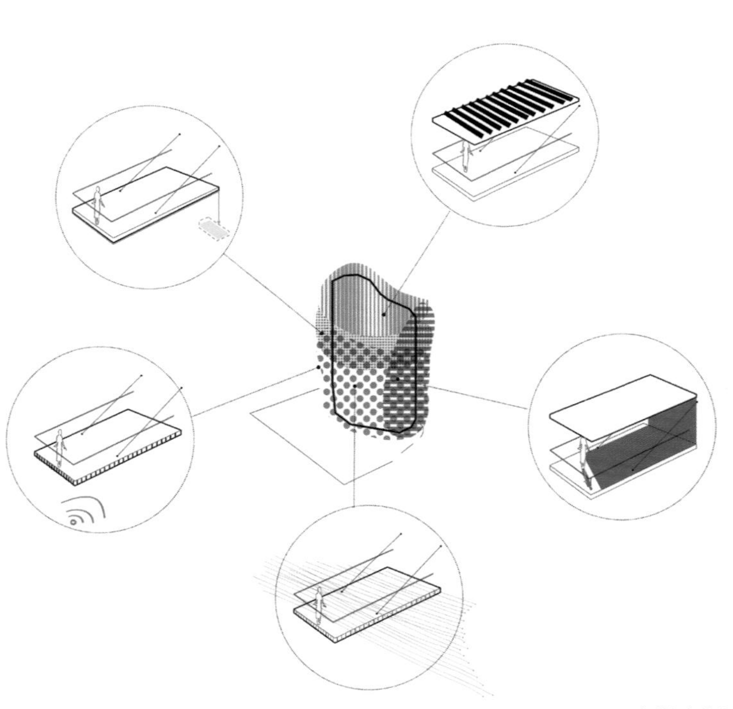

阳台样式分析

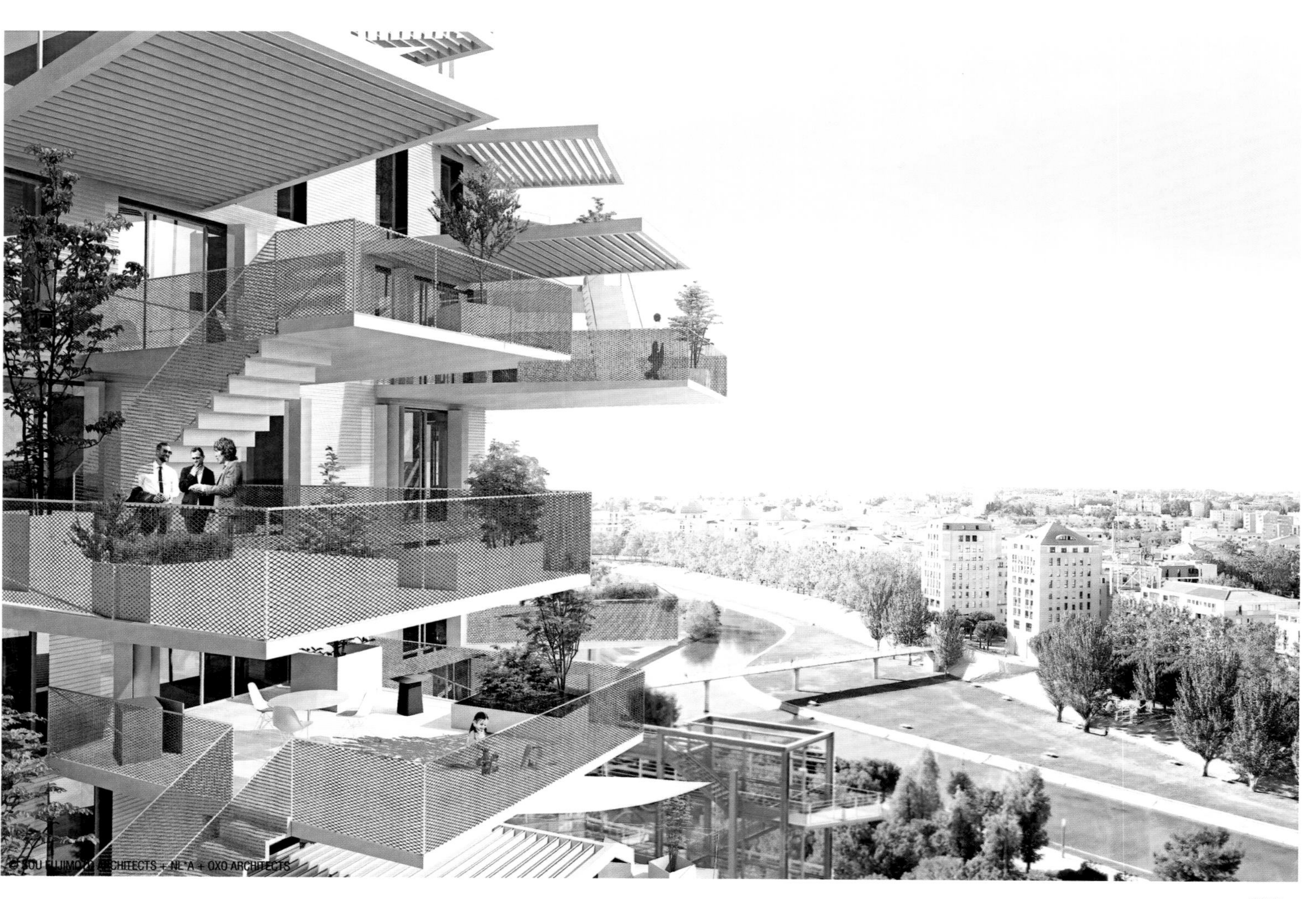

Milan

Italy

米兰

意大利

地点

Location

米兰城市生活综合居住区

扎哈·哈迪德建筑师事务所作品

专家解读公寓设计趋势

扎哈·哈迪德大师的建筑一般都让人联想到动感、不拘一格，甚至疯狂。在这个以公寓为主的开发项目中，建筑师延续了一贯的强烈外向的形式，对于城市形象的改造立竿见影。在其所处的欧式古典公寓的文脉中，空间个性显得热烈而奔放，不失为对欧洲建筑环境过于保守、无趣的整体形象的一种挑战。

项目总监：Gianluca Racana
客户：City Life Consortium
建筑面积：38 000 m²
地上楼层：5~13 层
公寓单元：230 套

建筑师：扎哈·哈迪德

建筑师：帕特里克·舒马赫

项目概况

综合公寓区由环绕两个地块而建的七座线性建筑组成，两个地块沿一条连续的道路排布。其中包括 RC1 的 C1、C2、C3 号楼和 RC2 的楼群。

设计说明

综合公寓楼群可提供多达 230 套设施齐全的豪华公寓。楼群将其天际线勾画得蜿蜒曲折、流畅优美。屋顶轮廓不断提升，从面向凯撒广场的 C2 号楼第 5 层开始至 C6 号楼第 13 层达到其最高处，形成了独特的天际线。

建筑师对场地选址和建筑朝向颇费心思，考虑到环境和舒适要求，同时考虑到露台上的最佳视野，于是将大多数公寓楼的朝向设计为东南方向，面向城市或公园。

立面设计涉及流线型外形的连续性：建筑的外壳由动态的曲线形阳台和楼层构成，内外都设置了丰富多样的私人空间，并与其下方的景观相互呼应。

立面材料因采用纤维混凝土板和天然实木面板而着重加强了楼体的动态感，同时赋予公寓庭院内部私密感和“居家”品质。

地面上双层高的大堂里从地板到天花板都充盈着日光，在设计形式上与公园形成强烈的视觉连续性。虽然对地面形态的设计给予了极大的关注，但本项目的设计重点在于屋顶形状及由其产生的有趣的城市视界。在塔楼俯瞰公寓楼顶，公寓内部庭院则是有舒适动感的崭新居住景观，由此体现了项目的设计理念。

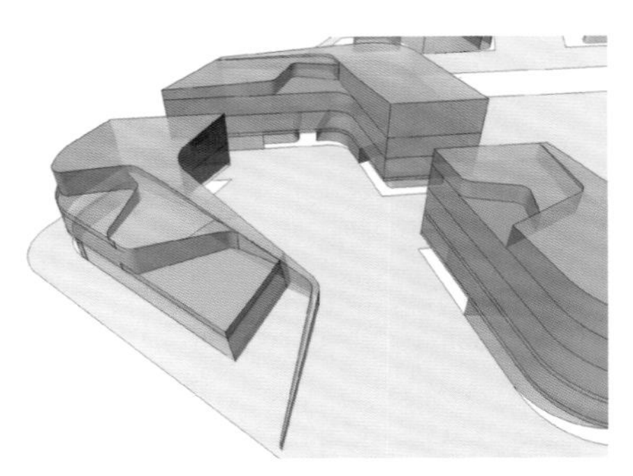

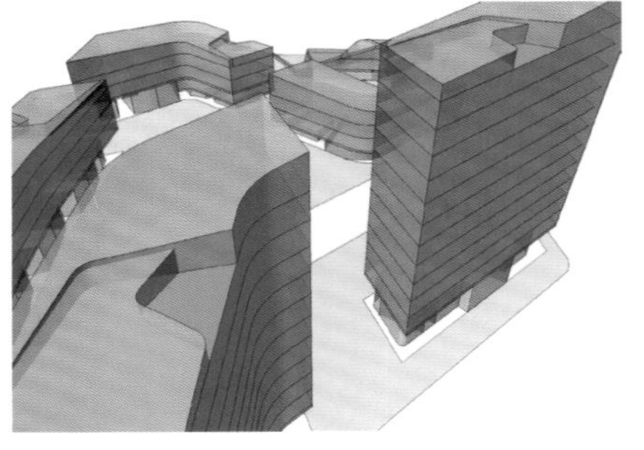

公寓三维研究图

剖面图

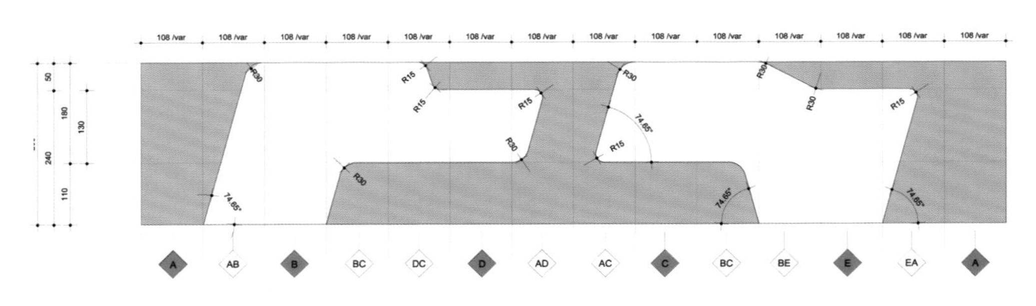

立面组合图示

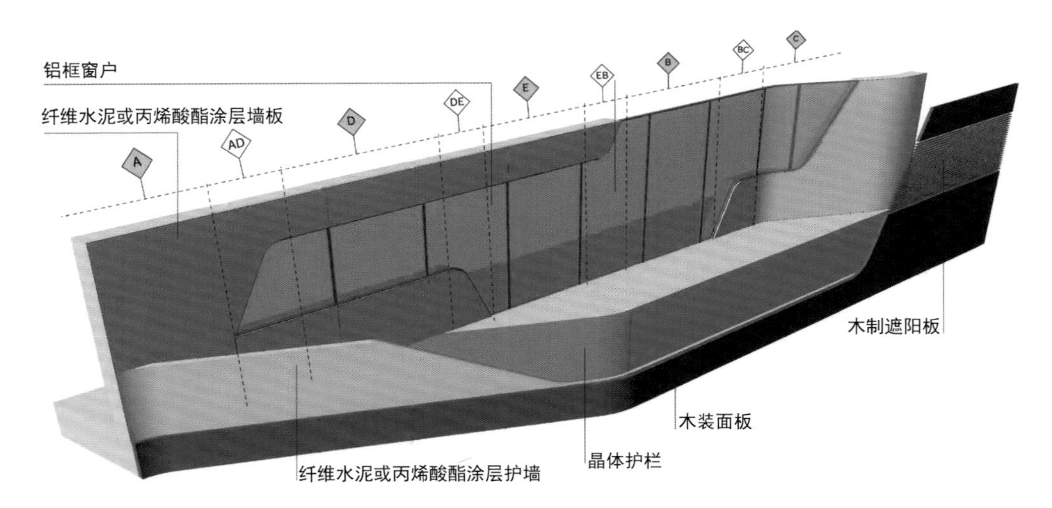

立面组合等轴测图

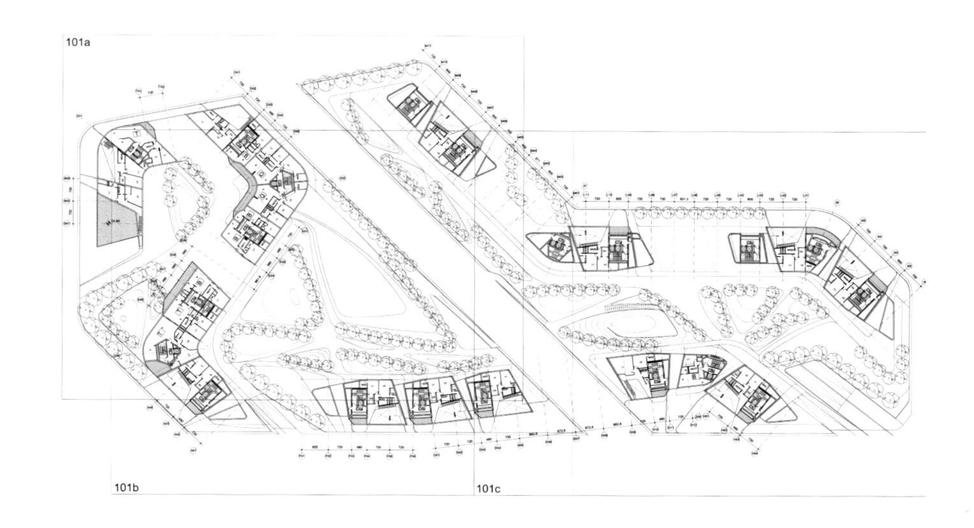

1 层平面图

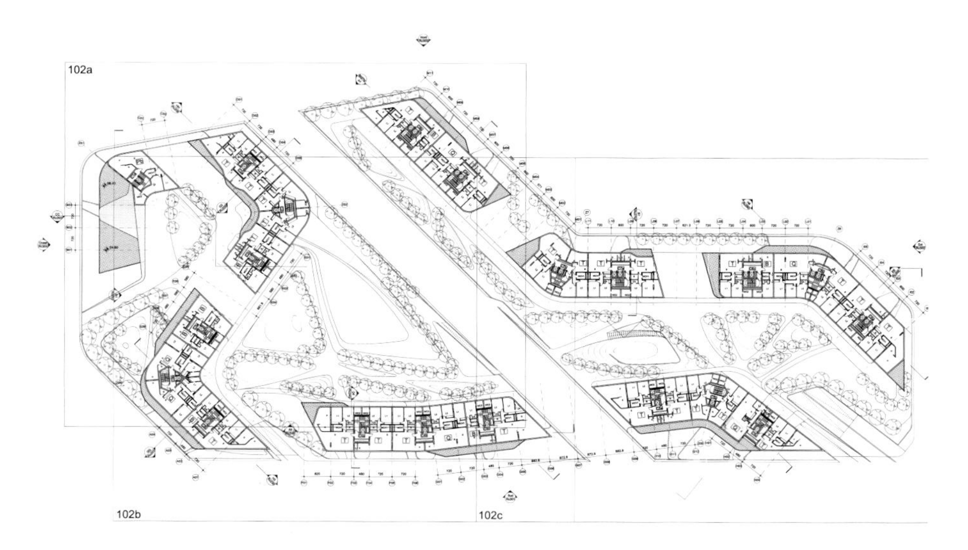

2 层平面图

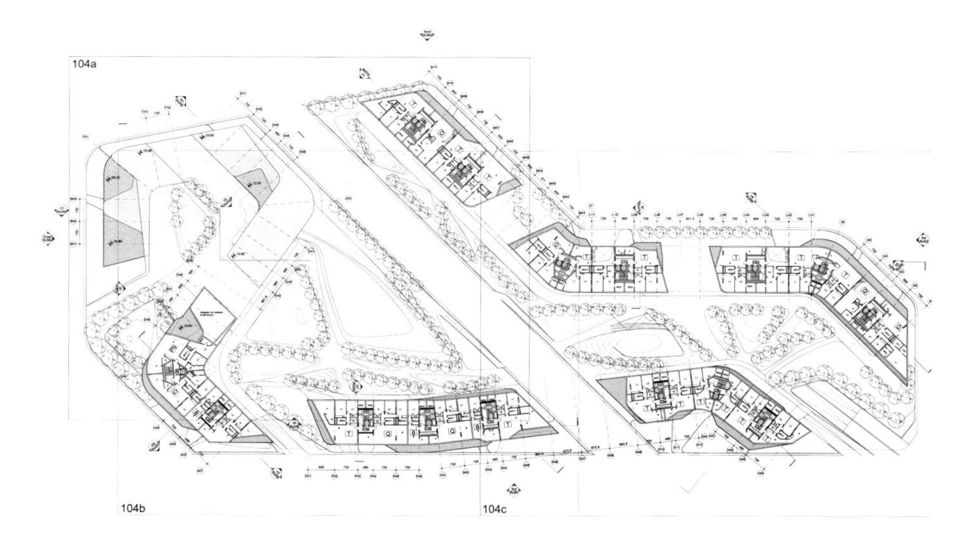

3 层平面图

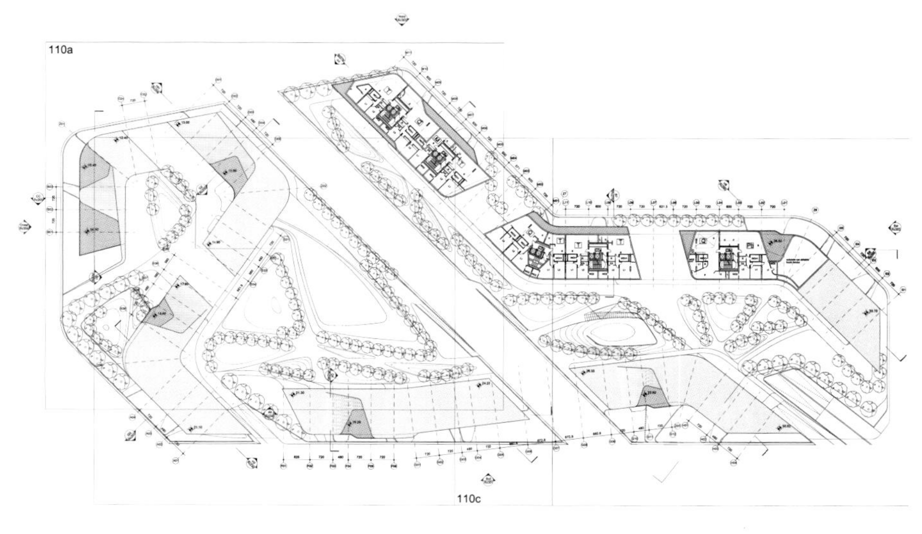

10 层平面图

Amsterdam
The Netherlands

阿姆斯特丹
荷兰

Location
地点

格斯温地块 14

NL 建筑师事务所
作品

专家解读公寓设计趋势

过去设计师对于任务书和规范的各种要求是一个由模糊到精确的、满足其要求的过程。而现在欧洲的先锋建筑师对功能和规范的要求是从直接的数学推导到几何操作，所得出的形态是陌生的、前卫的。其实，示意图的背后有着大量的试错与推导。

客户：G & S 房地产公司
项目建筑师：Arne van Wees

建筑师：NL 建筑师事务所

项目概况

在阿姆斯特丹建造一栋大型公寓楼的地块竞标中，只有两个地块参与，而格斯温地块 14 最终被选中。这是一次将周边街区与大厦大胆且充满希望的融合，也是一次通过融合而脱颖而出的尝试。

设计说明

泽伊达斯是一个中央商务区，相当于伦敦的金丝雀码头或阿姆斯特丹的拉德芳斯区。该地区希望通过建造带有公寓项目的中央商务区而成为充满活力的城市中心。

建筑体量贯穿南北，与周围环境建立了联系。泽伊达斯在其城市布局上实现了高层结构棋盘式的巧妙结合。这个创意既增加了密度，同时也创造了一种欧式情趣，以周边的街区界定地面层的体验感。

G&S 计划建造一座结合出租公寓和豪华公寓两种不同类型的建筑。这样的建筑将从楼层高度、窗户及室外空间的大小到出入口类型呈现出两种鲜明的特性。两种公寓将设置不同的入口。那么，如何清晰地展现这两种不同的类型，同时又将其融合在一个建筑上呢？

所有出租公寓都要求有 12.5 m^2 的阳台且面向西南方。这些公寓临近各种商业设施。20 套豪华顶层公寓建造在出租公寓建筑之上，它们布局灵活，有些面积小，有些面积超大，而所有豪华公寓都设有特大型户外空间。纤细的塔楼位于东北角，高达 77 m，伸手可“触及”飞行航线。

这两种公寓类型被融入同一座建筑物当中。这座抛物线式的建筑耸立起来，呈现出阶梯式的轮廓，而且还带有漂亮的露台。

这种“变形”还提供了第三种类型，即 30 多套可供出租或出售的公寓。建筑通道有三种类型：廊台、走廊和电梯门厅。

外立面的水平带反映出周围环境的条带特性。不同于办公建筑群沉闷的企业特征，该地块呈现出浓厚的居住氛围。建筑的外立面和阳台的轮廓都呈弯曲状，创造了一种轮廓分明却又“模糊”的流动型的室外空间。

区位示意图

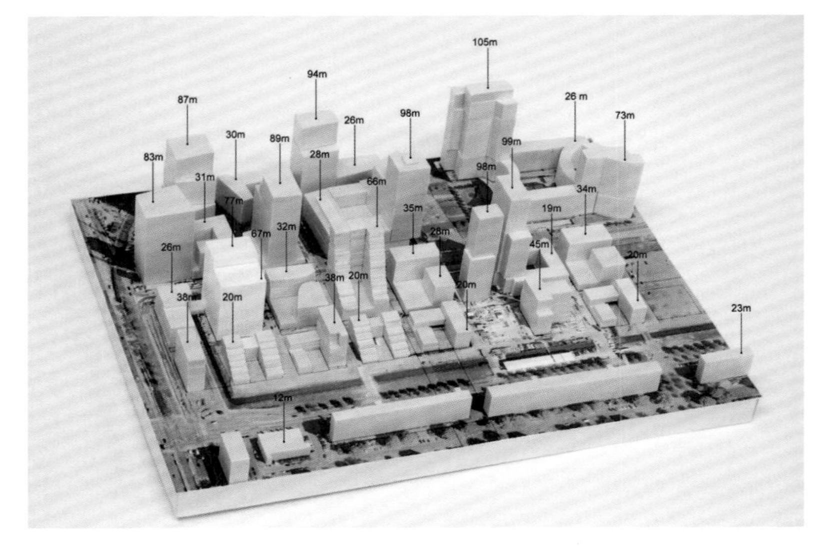

分析图

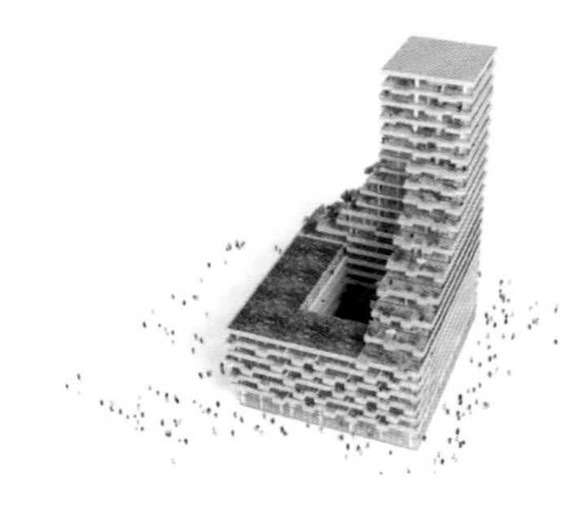

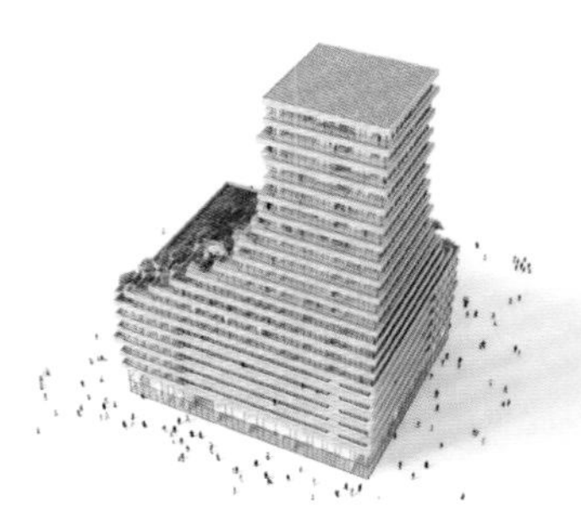

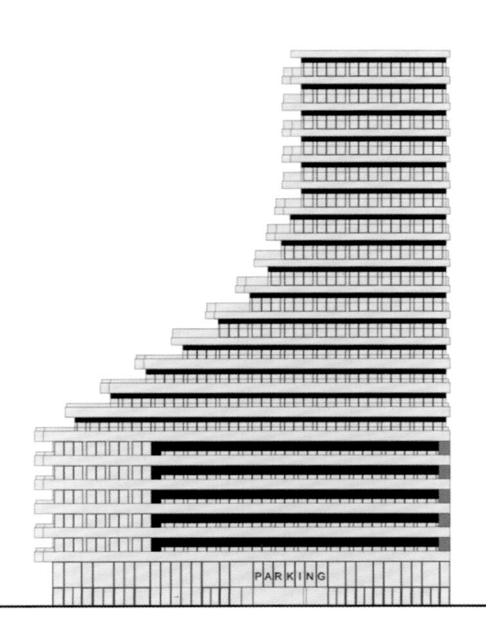

东立面图

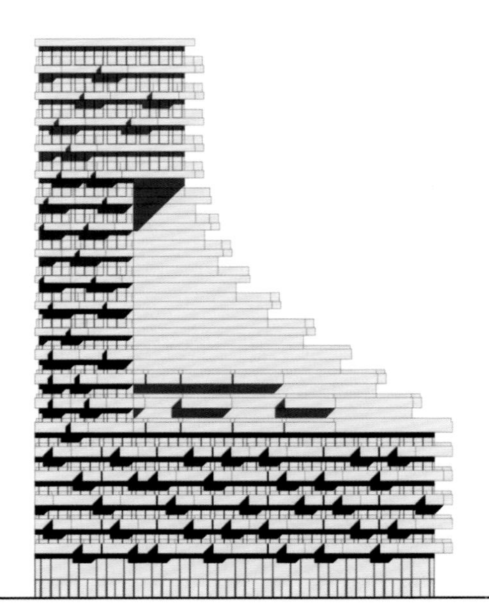

西立面图

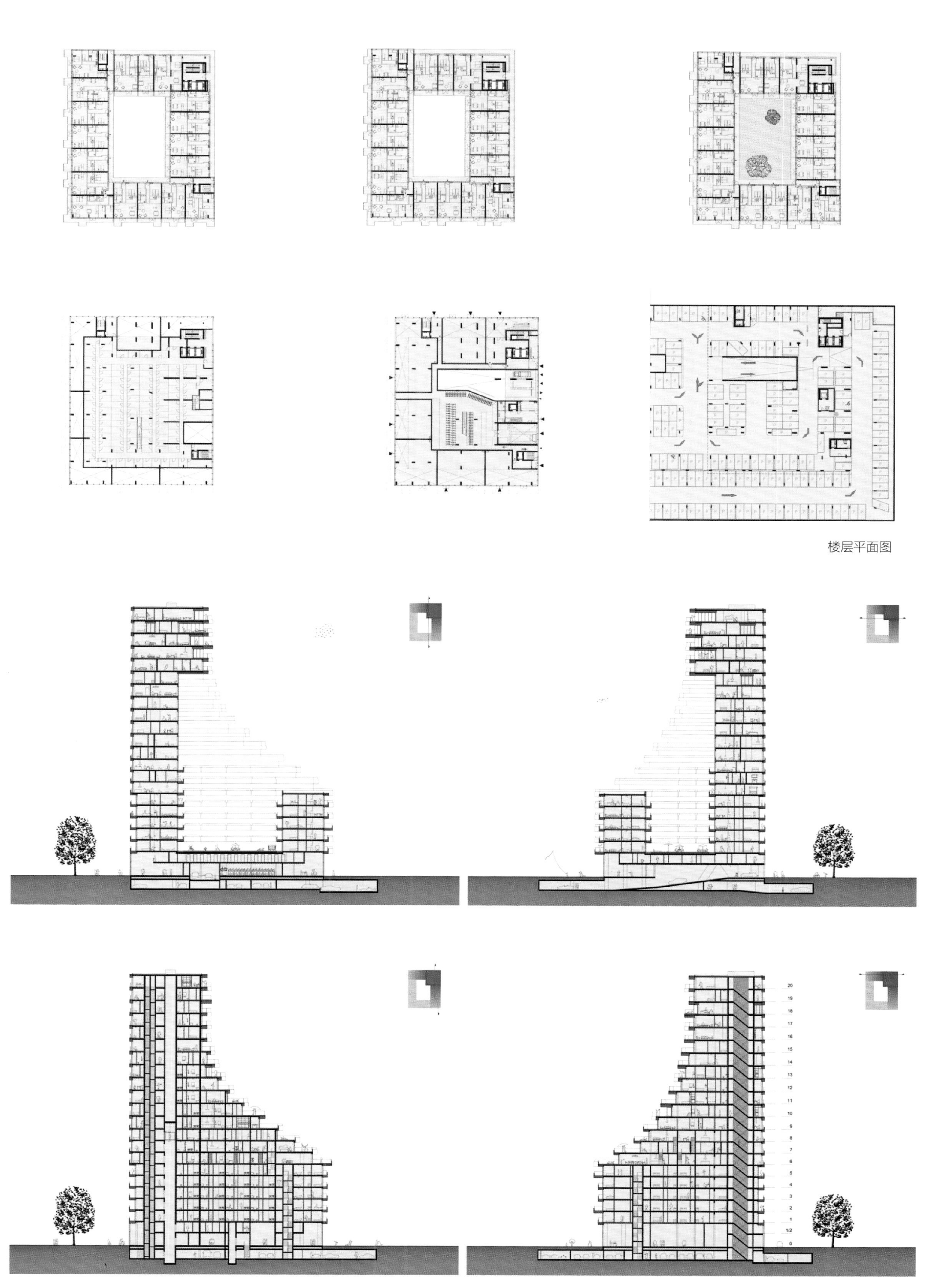

楼层平面图

剖面图

Vienna

Austria

维也纳

奥地利

Location

地点

多瑙城 Forum

Delugan Meissl Associated Architects

作品

专家解读公寓设计趋势

德式建筑设计的典型代表。运用了理性严谨的网格，古典比例抽象后的现代立面分割。整体空间的丰富性来自单调方格组合叠加后的综合效果。整体形象通过体块高低大小的错落变化和立面方格肌理节奏的变化来营造。

客户：Ein Fonds der Stadt Wien、
Swiss Town Consult
占地面积：20 000 m²
建筑面积：107 000 m²
公寓单元：180 套（酒店套房）、
200 套（新公寓房）

建筑师：Alejando Carrera
Christian Gross
Catarina Mendonca
Diogo Teixeira

项目概况

多瑙城 Forum 位于维也纳市北边。在这样的地理位置上，它与整个城市环境形成了鲜明的反差。

设计说明

这片区域由 6 栋建筑物组成。其中有两栋是高层建筑，分别形成了该区域的南、北边界。大楼内设有居住场所、办公场所、管理单位和公共机构，拥有丰富多变的功能。

城市总体基本上采用便民式空间分布。建筑物之间的公共区域设有半露天走廊、露台以及绿化区，构成了丰富多彩且美观大方的城市景观。

住户流通区域的设计与分层布局营造了楼层之间灯光交相辉映、缤纷多彩的光影效果。视觉交流轴线无形地交织在一起，衬托出整栋建筑的立体感，从而使任何一个地点的动向都变简单了。纵横交错的人行步道、广场与交流区汇集在一个水平面上。因此，新的建筑物自然融入现有的结构和环境中。

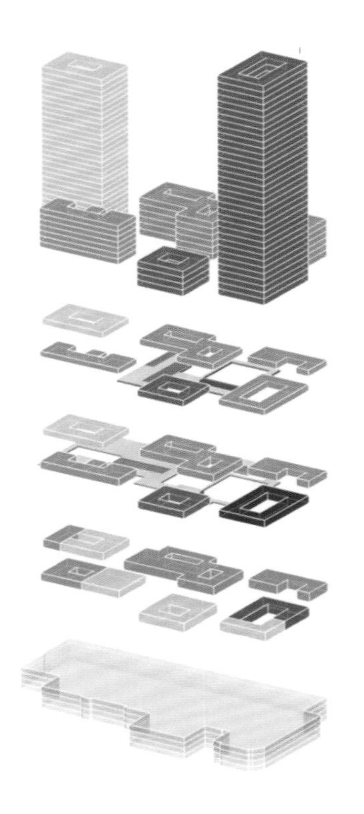

- 写字楼
- 办公建筑
- 酒店
- 住宅
- 会议场所
- 餐馆和咖啡馆
- 商店和服务提供商
- 地下停车场 / 地下室

- 行人通道
- 电梯
- 自行车停车位
- 地下停车场
- 巴士和出租车路线

功能分布图

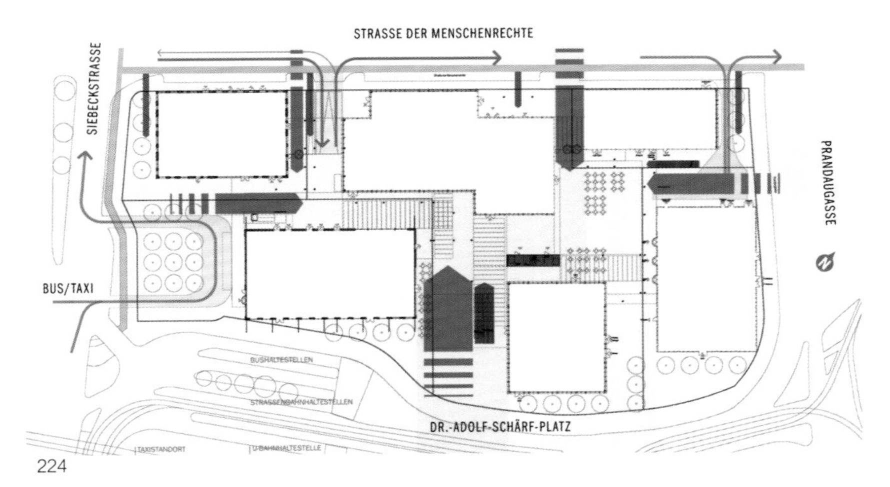

交通分析图

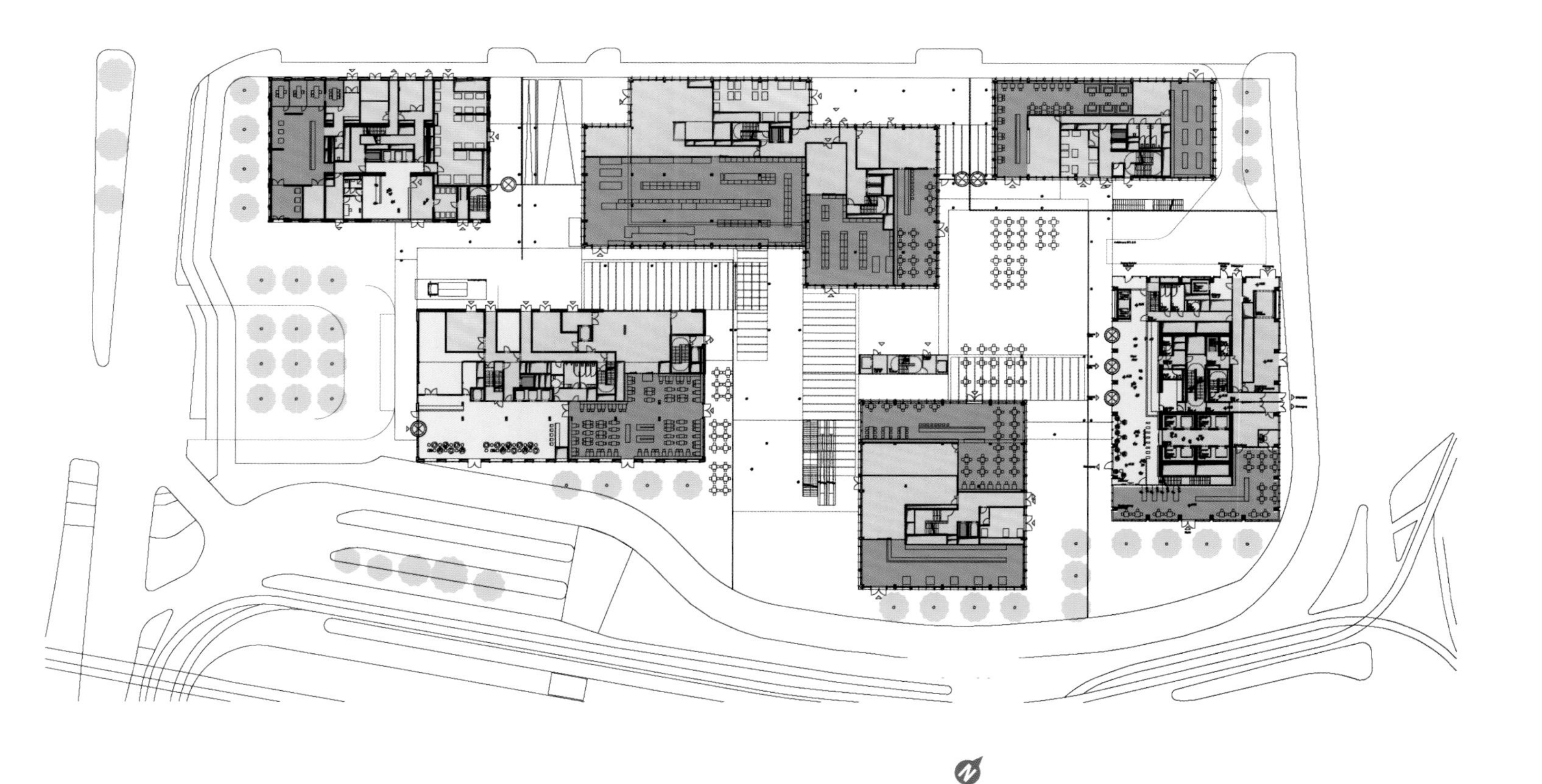

公共用途、商业空间：餐馆、咖啡馆、商店、服务提供商

门厅的使用情况取决于特定的建筑物

分配给每个建筑物的配套房间

首层商业空间平面图

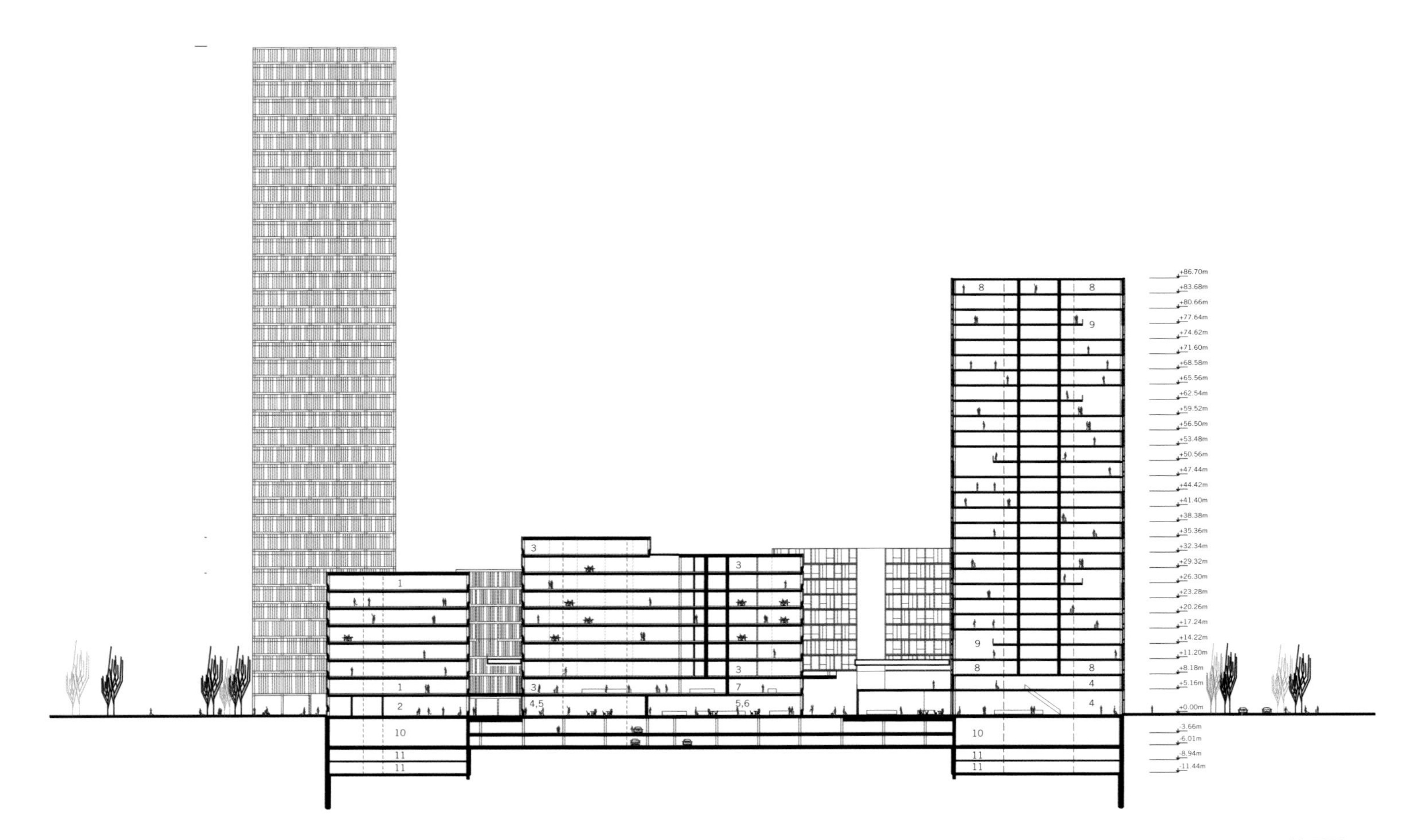

剖面图 A-A

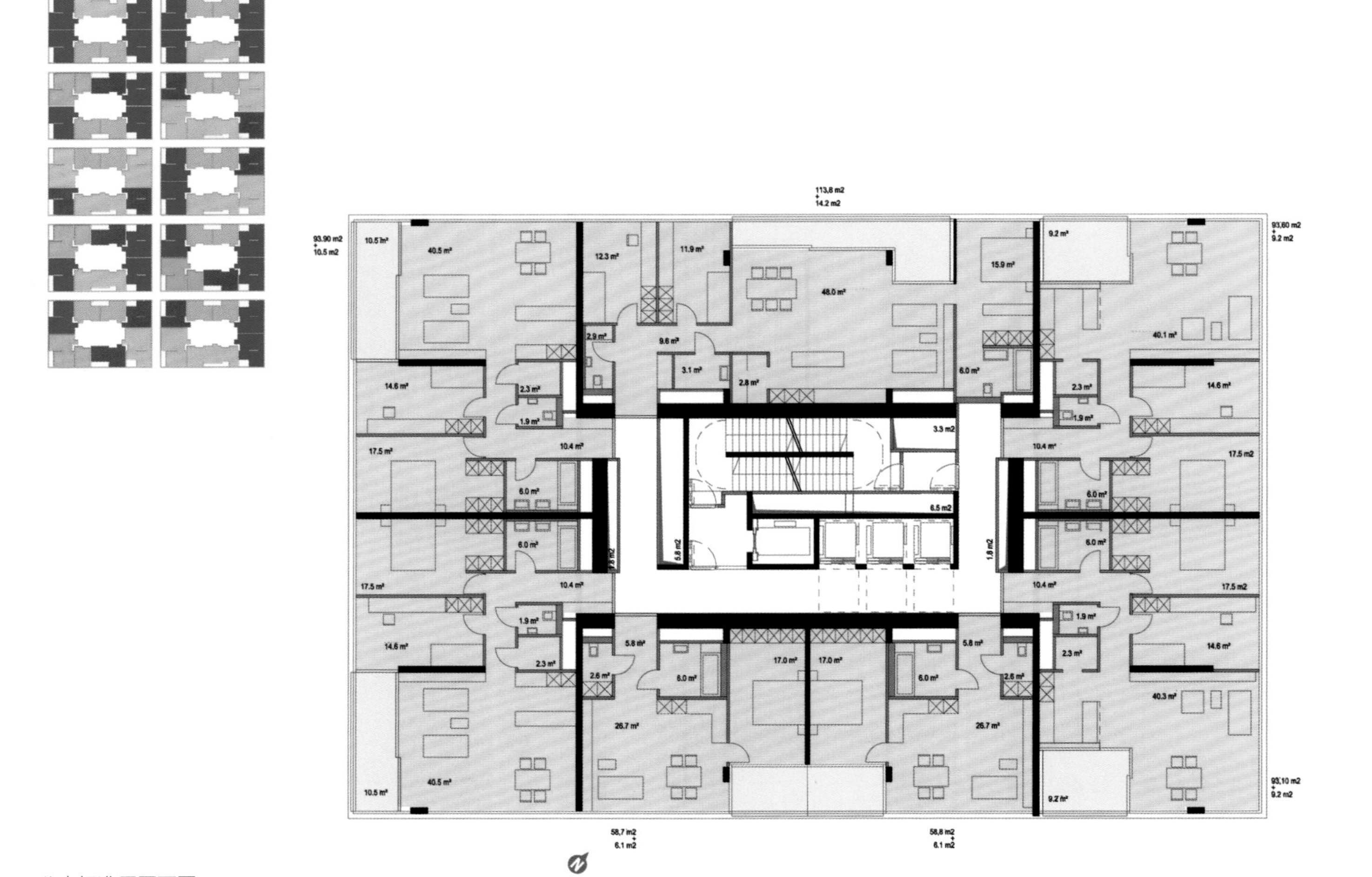

公寓标准层平面图

高峰访谈

尊敬的陈潜峰董事长，您作为房地产领域的代表企业家，能否简要回顾一下中国房地产行业的发展简史以及介绍一下企业的发展进程？

陈潜峰： 新中国成立以来，从20世纪五六十年代的筒子楼开始到20世纪九十年代住房制度改革的全面推进深化，住房正式进入市场化阶段，在2002年更是明确地产成为国民经济的支柱产业。2008年市场放宽调控后，2009年房价一路飙升。国务院发布“国十条”开启新一轮市场调控。到现在，房地产已经发展到一个新的层面，从产品差异化、精细化，到注重产品研发和品质塑造，产品组合更加多元化，包括住宅、酒店、公寓等。星光耀智诚建设集团也是从这一阶段开始转型，近年来，尤其深耕公寓产品的研发。星光耀智诚建设集团旗下的星公寓创新发展研究院，以当前公寓新产品的设计、开发、配套金融、运营为专门研究方向，聚焦于公寓空间的租住本质，从智慧社区和“智能公寓+”的角度，运用互联网技术为客户打造全新的、升级的生活环境和居住空间。目前，研究院紧紧依托旗下“绿城·尊蓝”智慧住区、苏州星公寓、南昌星光公寓等项目，针对不同公寓的聚居特点，联合阿里巴巴躺平设计家及京东智慧住区等机构研发出30余种不同的设计风格，并不断将研究成果植入产品建设中，赋予产品新的内涵，打造国内专业的公寓产品研发机构。

1870年的武汉　1910年的武汉
1950年的武汉　1970年的武汉
1990年的武汉　2000年的武汉

图片来自武汉市自然资源和规划局

现在人们的生活、工作、社交都超级依赖网络，网红已经成为一种社会现象，深刻地影响文化、经济和我们的生活等。请问在星光耀绿城·尊蓝项目的开发和设计方面是如何考虑这种社会新现象的呢？

陈潜峰： 智慧型公寓产品已经成为一种新兴的互联网社交产品，包括各类“共享型”产品，如共享书吧、共享健身房、共享厨房、共享交友空间等。无论是项目开发设计，还是产品空间和功能设计都是围绕社会需求、生活习惯及审美观念展开的，特别在外立面的打造上，运用时尚线条感的元素和内凹切面打造立体现代感，产品功能更加能够满足多元的生活方式，创客生活功能更加丰富。

青年逐渐成为中国主要的消费人群，请您谈谈星光耀绿城·尊蓝项目对青年业主或消费者有什么特别服务或创意吗？

陈潜峰：星光耀绿城·尊蓝项目整体上围绕“青年创客特区”的产品定位，从绿城品牌的赋能到产品主义、人文情怀、青年客群，能够满足创客们的一切想象，能够解决创客们的后顾之忧，满足青年置业群体的全能服务。将客户心底想实现而未实现的生活方式在产品中还原。青年业主更注重社交平台及共享社区，于是我们配置了共享咖啡厅、共享洗衣房、共享书吧、共享健身区等创新空间。

武汉作为中国中部的中心城市，未来在中国甚至全球都有重要地位，星光耀绿城·尊蓝项目的区位发展前景如何？

陈潜峰：武汉的快速发展，特别是大光谷的发展，江夏经济开发区已经擎领武汉城市未来，成为武汉四大板块中心之一，产业发展迅猛，目前已签约新型制造业和物流项目200多个，投资总额在500亿元以上，其中包括腾讯华中总部、武汉农村商业银行总部等企业，发展前景较好。星光耀绿城·尊蓝项目毗邻地铁7号线，8号线意向规划至大桥新区，包括整个多元化的格局，星光耀绿城·尊蓝项目有不可估量的发展前景，更推动着区域的发展。

名师访谈

请问，　您认为是什么因素直接影响 UNStudio 作品的造型设计？例如，新加坡雅茂园公寓区。

本·范·伯克尔：新加坡雅茂园是呼应新加坡自然景观的多层建筑。这一 建筑将四大设计细节结合到一起：立面的衔接，通过细节设计创造各种各样的有机纹理和图案；在两种公寓内部使用“生活在景观里”的设计概念；透明玻璃的引入和一个借助于开放式架构支撑的抬高结构实现的底层花园；拥有开阔视野的大块玻璃区域、飘窗以及两层高的阳台。建筑物具有有机性以及高度可持续性。我们还对建筑物如何应对全天阳光和风况非常感兴趣，因此我们设计了窗户、两层高的阳台以及立面元素来提高自然通风性。

您可以与读者分享一下您在设计项目时首先考虑的是什么问题吗？例如，温州永嘉世贸中心。

本·范·伯克尔：温州永嘉世贸中心是我们在中国重要的项目之一。我们很喜欢这座城市，并且对这座城市的周边环境着迷。我们还很重视中国的建筑史、社区风貌以及景观文化。为此，项目的城市规划以及如何在设计中表现出来是一个很大的挑战。我们在解决这一问题时结合了城市规划的整体和局部设计，并且在建筑和景观理念上有所体现。

建筑师：本·范·伯克尔

本·范·伯克尔/UNStudio

请问，您是如何将当地传统文化融入作品中，并使其成为先锋设计的？如何做到十年后仍堪称经典？例如，伦敦的卡纳莱托大楼。

本·范·伯克尔：你需要将更多的思考和意义融入你的作品中：将城市背景、城市中材料的颜色结合人们的生活方式而设计的好的物流组织方式。同样重要的是，确保你不仅对建筑物设计感兴趣，还要了解与设计有关的材料以及所运用的设计元素。对建筑空间的质量起作用，以及使用空间分层为其使用者增加额外的趣味和功能也很重要。将更多的意义和理解融入建筑，以便它能在将来仍保持实用性并与生活方式协调对应。

名师访谈

BIG / 大设计

请问，项目造型特点能够带来什么样的生活体验？

BIG 建筑师事务所： 考塔拉基滑雪村项目通过分析在世界不同滑雪胜地的滑雪者的经验，结果发现，避免浪费时间是成功的滑雪度假中一个关键的因素。假期有限，时间不应该浪费在让你陷入雪中的滑雪缆车拖重型设备和穿靴上。相反，在山里度假的宝贵时间应该主要用于滑雪。我们已经创建了一个滑雪胜地总体规划，直接从酒店或公寓规划出一个滑雪道。街道的组织可以让你穿梭在综合体之间，自由地滑雪。可以让滑雪者在早上以及晚上直接到达电梯公寓或房间的门口。滑雪道直通度假村酒店的大厅，这样客人可以乘电梯到达屋顶，然后滑雪下来。还可以让人们乘电梯直接从酒店到达滑雪休息间，结束一天的滑雪。

研科摩天大楼项目：卡尔加里市中心已经发展成为一个典型的北美城市中心，这个中心被低密度郊区房屋围绕且拥有一群公司大楼。建造该大楼时尝试在轻轨与主干道交叉的市中心创造一个活泼的生活与工作场所，以便为卡尔加里创建一个更加多样和适合散步的市中心。

建筑师：BIG 建筑师事务所的团队成员

上图：研科摩天大楼
下图：考塔拉基滑雪村

AS+GG
建筑师事务所

请问，首尔舞龙双子塔对韩国建筑发展史有什么重要意义？给首尔的城市形象带来了什么影响？

建筑师：AS+GG 合伙人

AS + GG 建筑师事务所：该设计特点优美、棱角分明，悬臂式迷你塔围绕着中心。建筑的表皮，让人联想起韩国神话中的龙的鳞片，围绕中心，所以项目的名称为“舞龙”。塔楼是专为龙山而建的，而整个开发项目的名称在韩语中的意思是“龙山”。

当人们由远及近地观赏时，如何最好地呈现“舞龙”的全貌是经过深思熟虑的。艾德里安和戈登从韩国的古建筑中汲取灵感，只有当你从下往上看时才能看到塔楼的维度。“我们一直感兴趣的超高建筑间的关系不仅仅是天际线轮廓，还有从地面看起来的样子，”吉尔说，“韩国传统的寺庙和宝塔有非常丰富的结构表现形式，曲线向上……从地面向上看以及看表面以下……一些使我们感兴趣的东西。”

上图：韩国首尔舞龙双子塔

编后语

关于公寓设计，近年来也有不少著作对此进行了深入的探讨，但像本书如此全面的并不多，本书以大量案例对世界各地的标志性公寓的设计进行 阐述，并对设计特点进行点评和分析。

本书从酝酿到出版，历时近两年。编写的过程不是一帆风顺的，特别是对国内外公寓设计案例的甄选，从最初的三百多个设计案例中为读者精心筛选出全球的案例精品，以谨慎的态度力求将国内外最具代表性的"公寓"呈现给广大读者。期间，华中科技大学出版社的编辑也耗费了大量心血，查阅了大量相关文献，在此，对出版社的编辑老师表示衷心的感谢！

本书能够顺利出版，得益于天下控股集团董事长陈潜峰先生的提议和策划，以及星光耀智诚建设集团董事长范茂胜和星公寓创新发展研究院各位专家的大力支持，这也体现了星光耀智诚建设集团创始人和管理层对公寓事业的情怀和社会责任感。在本书的编写过程中，也得到了国内外很多同行的关注和支持，他们针对公寓领域的现状及发展前沿给予了很多意见和建议，在此表示衷心的感谢！

同时，本书还得到了相关设计单位的支持，在此，对浙江绿衡建筑设计有限公司、上海汉行建筑设计有限公司、武汉东艺建筑设计有限公司等表示感谢！

鸣谢

星光耀 智诚建设集团

星光耀智诚建设集团位于湖北省武汉市，是一家专注于公寓产品研发、智慧空间设计、商业运营管理的智能数字化企业。

依托旗下星公寓创新发展研究院，星光耀智诚建设集团深挖公寓产品本质，与绿城发展集团设计院、东艺建筑设计院、汉行建筑设计院以及海纳云等携手，以当前公寓产品的设计、开发、配套金融、运营等为专门研究方向，从智慧社区和智能公寓 + 的角度为客户打造全新的、升级的生活环境和居住空间，研发具有代表性的星公寓星系产品系列和星云 · 未来社区解决方案；同时将研发成果广泛应用于“智慧公寓社区”的建设，开发建设武汉绿城 · 尊蓝、南昌 IN PARK 星光天地、苏州星光生活广场、武汉御湖星光、潜江曹禺创园等多元化项目，将研究成果植入产品设计建设中，不断赋予智慧公寓产品新的内涵。旗下湖北武汉“绿城 · 尊蓝”项目，通过营造全新的 YOUNG 生活联合体，以定制化智慧创享空间、轻奢商务酒店、共享社交空间、智慧园区服务等，创建生活 - 商务 - 社交 - 商业联合交互的新形态，已然成为未来智慧创享社区的典范。此外，星光耀智诚建设集团不断拓展业务发展领域，多元化业务板块包括古丽名庄文化（名酒）、“我家的地”（也蔬），以及为志愿者提供服务的民办非企业组织“星光耀志愿者联盟”。

星光耀智诚建设集团始终坚持以产品立足，赋能幸福生活空间，秉持“智慧空间，幸福生活”的品牌主张，严守产品与服务质量，以研发智造空间为主，聚焦生活空间智能领域，先后在湖北、江西、江苏等省份开发、呈现公寓项目，年开发量逾 80 万方。

绿衡设计（GHD）

浙江绿衡建筑设计有限公司，于 2017 年由绿城置业发展集团与原绿城旗下数位资深主创设计师联合成立。

绿衡设计（GHD) 整合了绿城建筑设计团队的核心骨干。秉承绿城设计体系一贯严谨、创新、务实的精神，为人们营造美好的生活空间与环境，并在项目设计和营造上拥有丰富的经验，对绿城的建筑设计理念、品质标准、项目管控模式等有着深刻的认知。

绿衡设计（GHD) 专业提供从策划、规划设计、方案设计、扩初设计到施工图的整体解决方案。本着“新设计、衡天下”的设计理念致力于敏锐感知客户的需求，在设计、技术和管理中始终追求前瞻性和创新性，协助客户创造卓越的市场业绩。

公司要求每一位管理者和设计师都必须从迅速发展的市场需求出发，面对条件和背景各异不同的项目运用恰当的技术手段，以高度的责任心，多维度的思考，熟练的专业技能，强大的团队协作，倾力创造具有恒久价值的建筑产品（作品）。

公司成立至今，设计业务已遍布全国十余个省市，擅长大规模小镇规划、高端居住区、低密度合院、商业街、酒店、总部办公、展示区等业态的设计营造。

汉行建筑

自 2008 年起，上海汉行建筑设计有限公司专注于中国新兴城市之现代建筑设计与规划，是少数可为公共部门和私营部门进行全方位设计的建筑师事务所。汉行建筑对项目从概念方案设计到深化设计直至施工建造和室内装修全面负责。公司创立的建筑师联合事务所目前在上海、广州、厦门设有办公地点，拥有 100 多名优秀坚定的员工，多语言沟通，还包括获得 LEED 认证的专业人士。

汉行建筑的专业领域范围涉及高端商业综合体、办公楼、酒店、博物馆、剧场、音乐厅、高端住宅、医院、科研教育设施，以及交通建筑、景观、工业建筑和城市总体规划设计。项目类型以大型公共建筑为主。

汉行建筑拥有 200 多个国际一流已建成项目的境外专业设计背景，为客户提供最先进的设计理念，切合本土文化的设计管理及沟通模式，从建筑立面到室内，从构造节点到材料的各种技术配合，同时也提供国内外顶尖的幕墙、机电、结构、照明等专业顾问公司的配套服务及管理，以保证项目最终的建成品质。对汉行建筑而言，建筑真正建成的一刻，才是设计任务最终完成的时间。

鸣谢

东艺建筑

武汉东艺建筑设计有限公司是由诞生于新中国成立之初的国有独资公司中信建筑设计研究总院有限公司（原武汉市建筑设计院）和日本住宅的设计量排名第一的日本 IAO 竹田设计室合资成立的，是国家建设部 1994 年批准成立的湖北省首家中外合资甲级建筑设计企业。

从 1995 年成立至今，东艺建筑汇集了 150 多名优秀的工程技术人才，设立了方案设计中心及 6 个施工图设计所。团队技术核心由高级以上职称人员构成，包括建筑、工程、规划、咨询等各专业资深顾问、超高超限设计领域权威专家以及国务院特殊津贴专家，能够从上至下地满足客户需求。

公司依托中日两大平台的技术支撑和资源协同，在国家级设计专家的指导和国际化技术视野的影响下，建立居住建筑、城市综合体、生态康养、文化公建四大设计板块专项团队，聚焦重点业务板块，打造精专化市场定位。

作为一家拥有二十五年发展历史的建筑设计院，东艺建筑能够多维度、全方位地保证项目设计的高效性、合理性及有效性，为客户解决问题，为社会创造价值。

武汉新鸿泰房地产营销机构

新鸿泰自 1995 年创立以来，始终致力于建设一流的房地产专业服务机构，在 26 年地产界的风云巨变中，新鸿泰凭借自身优势与不断创新，大浪淘沙，使风险与市场预判成为坚韧不扰的成长力。新鸿泰以深耕地产二十多年的专业团队作为服务保障，以极具市场洞察力和行业创意的思想作为市场制胜法宝，以满足客户个性化需求。

在市场上，不乏有能力的公司进行策划方案的制定，而新鸿泰凭借多年经验积累，成功塑造业内黄金产业链，以全市场解决方案将五大板块融为一体，真正实现了全产业链覆盖。旗下五大板块分别涵盖了地产开发商从拿地投资、营销代理、新媒体营销、O2O 行销以及品牌企划五大流程，并在五大环节中各设专业机构，分工明确，将优势最大化。

通过 20 多年的大数据积累，新鸿泰累计操盘项目数百个，强大的客户资源数据库为新鸿泰超前应对市场升级奠定了坚实基础。从互动传播到云端待客、从消费行为研究到消费动机洞察，智能云端大数据以科技化、智能化的精尖展示终端，为客户提供完美的场景体验。

作为“立足武汉，服务华中”的数字整合营销专家，新鸿泰首创武汉众筹互动购房平台，通过线上新媒体广泛传播、线下行销团队强势地推，以及专业二手房联动的立体化营销方式，为行业良性发展提供创新型解决方案。

以服务创造品牌，以专业提升价值，新鸿泰始终坚持贯彻服务精神，着眼于与客户建立长期共赢的合作关系，将创新能力与市场把控能力作为独创、变化、标新的利器，在房地产不断发展的浪潮中为客户、行业创造持续影响力与辉煌佳绩。

湖北商业地产联盟

湖北商业地产联盟是华中地区极具影响力的泛商业地产价值链协同平台。2017年6月，由全省商业地产领域中具较高知名度、影响力及前瞻性的多家机构自愿发起成立，专注于整合商业地产上下游产业链上优质资源，为商业项目开发提供“一条龙、全流程、专业化”的配套服务。其合作伙伴包括万科、恒大、绿地、碧桂园、绿城等知名地产开发类企业，以及设计院和策划拓展、运营、销售公司等服务类企业。

目前，湖北商业地产联盟已经发展到近30家理事单位、700余家合作单位、从业人员逾万人的专业合作、交流平台。业务范围辐射湖北及华中区域，业务流程涵盖投资基金、策划定位、规划设计、招商销售、运营管理、动画模型、景观标识、装修美陈、空间设计、人力资源、顾问咨询、广告宣传等十二大类、三十余个细分行业；俨然已成为湖北乃至华中地区商业地产界“专业最强、流程最全、口碑最佳、影响最大”的TOP1合作平台。

依托湖北商业地产联盟专家资源库而组建的湖北商业地产联盟“专家委员会”，聚集了湖北商业地产界资历最丰富、实战性最强的资深技术派专家，为商业项目顺利推进建言献策、把脉问诊。每月的联盟大讲堂和每年的论坛活动，也已成为湖北地产界学习、交流的最佳平台。联盟的成立，不仅创新性地整合了上下游产业链上的优质资源，更打造了“专业、诚信、共赢”的良性合作生态圈。在为商业地产开发单位提供专业化、全领域服务的同时，也发挥了提升湖北商业整体开发水平、为行业提升和锻炼人才的价值贡献。

博思堂机构

博思堂机构是中国地产和文化创意行业头部企业，1998年成立于深圳，旗下拥有20余家分公司。博思堂于2014年新三板挂牌，是地产创意行业独立挂牌企业。2008年完成全国布局，2020年已形成以地产为核心的9大产业链，业务涵盖一级土地运营、地产基金、房地产开发、项目投资、营销代理、商业运管、整合推广、公关活动等多元领域，企业严格遵循5年周期性指标发展，年均发展增幅41%以上。

海纳云

海纳云，海尔集团旗下专业的物联网智慧社区/园区生态平台。基于海纳云AIoT平台为社区、园区、镇街、楼宇、酒店、商场等“城市微单元”提供数字基础设施建设、建筑全生命周期管理、物联网大数据运营服务等一站式、全场景化解决方案，统筹破解城市治理、老旧小区改造、应急管理、空间数字化转型等难题，以点带面构建万物智联、开放共享、体验美好的数字城市，助力数字中国，目前已成长为该赛道的引领者。

鸣谢

武汉东艺建筑设计有限公司
江夏天下青年城　064

同济大学建筑设计研究院（集团）有限公司
青山湖钻石广场　076

同济大学建筑设计研究院（集团）有限公司
苏州星光　084

吕元祥建筑师事务所
南湾　090

克里斯蒂安·德·波特赞姆巴克
纽约 One 57 大厦　096

UNStudio
雅茂园　104 卡纳莱托大楼　192

丹尼尔·里伯斯金工作室
海云台佑洞现代 I' PARK 城　120

Somdoon 建筑师事务所
Ideo Morph 38 公寓楼　128

MAP 建筑师事务所
阿瓦雷大厦　140

KEO International Consultants
Hircon 塔 150

Maison Edouard Francois
古尔冈 66 公寓项目 158

MAP 建筑师事务所
Doan Ket 164

BIG
研科摩天大楼 172

McBride Charles Ryan 建筑师事务所
The Quays 海景公寓 180

FGMF 建筑师事务所
Itaim 大楼 186

藤本壮介事务所
"白树"集合公寓 198

扎哈·哈迪德建筑师事务所
米兰城市生活综合居住区 208

NL 建筑师事务所
格斯温地块 14 216

Delugan Meissl Associated Architects
多瑙城 Forum 222

图书在版编目(CIP)数据

国际公寓设计新趋势 / 陈潜峰, 范茂胜主编. -- 武汉 : 华中科技大学出版社, 2021.10
ISBN 978-7-5680-6843-7

Ⅰ. ①国… Ⅱ. ①陈… ②范… Ⅲ. ①住宅－建筑设计 Ⅳ. ①TU241

中国版本图书馆CIP数据核字(2021)第005653号

国际公寓设计新趋势
GUOJI GONGYU SHEJI XIN QUSHI
陈潜峰　范茂胜　主编

策划编辑：彭霞霞
责任编辑：彭霞霞
责任监印：朱　玢
封面设计：先锋空间
出版发行：华中科技大学出版社（中国·武汉）　电　话：（027）81321913
武汉市东湖新技术开发区华工科技园　邮　编：430223
印　刷：武汉精一佳印刷有限公司
开　本：1020 mm×1440 mm　1/16
印　张：15
字　数：144千字
版　次：2021年10月第1版第1次印刷
定　价：268.00元